아이 갖기를 주저하는 사회

아이 갖기를 주저하는 사회

초판 1쇄 발행 2018년 11월 7일
초판 3쇄 발행 2022년 4월 18일

지은이 윤정현

펴낸이 김선기

펴낸곳 (주)푸른길

출판등록 1996년 4월 12일 제16–1292호

주소 (08377) 서울특별시 구로구 디지털로 33길 48 대륭포스트타워 7차 1008호

전화 02-523-2907, 6942-9570~2

팩스 02-523-2951

이메일 purungilbook@naver.com

홈페이지 www.purungil.co.kr

ISBN 978-89-6291-471-9 03980

아이 갖기를 주저하는 사회

윤정현 지음

세상을 바꾼 맬서스의 고전 이론으로 바뀐 세상을 다시 바라본다

푸른길

작가를 꿈꾸는 아들 윤규진에게

들어가는 글

우선 이 책을 쓰게 된 결정적인 동기 두 가지에 대해 이야기하고 싶습니다. 첫 번째 동기는 2015년 9월 교육과정과 관련된 공청회 때 얻게 되었습니다. 어떤 선생님이 맬서스는 경제학자인데, 왜 지리과에서 맬서스를 다루냐며 항의를 했습니다. 속으로 '이건 아닌데' 하며 손을 번쩍 들고 일어나 반박하고 싶었지만, 대답은 머릿속에서만 맴돌고 결국 입도 뻥끗하지 못했습니다. 그 후 한동안 '지리과에서 맬서스를 이야기하면 안 되는 걸까? 만약 이야기하려면 어떻게 해야 할까'라는 고민이 들었습니다. 두 번째 동기는 고등학교 학생들이 사용하는 교과서를 집필할 때 가지게 되었습니다. 제가 맡은 부분은 인구 단원이었습니다. 교육과정을 분석하고, 회의를 하고, 원고를 쓰는 내내 고민이 되었습니다. 지금까지 교과서에서 다루는 인구와 관련된 내용은 주로 저출산·고령화 현상은 문제이며, 만약 이 문제를 해결하지 못한다면 국가의 미래는 암울해질 것이라는 내용이었습니다. 고민이 되었던 것은 '정말? 진짜? 과연 그럴까?'라는 의문 때문이었습니다. 그래서 그동안 해 왔던 고민의 내용을 교과서에 쓰고 싶었습니다. 그런데 교과서에는 쓰고 싶은 내용을 쓰는 게 아니라, 써야 할 내용을 써야 했습니다. 그래서 '그럼 이번에는 내가 쓰고 싶은 내용을 한번 써 보자' 하는 용기를 내게 되었습니다.

마사 누스바움(Martha C. Nussbaum)은 『역량의 창조』에서 "모든 국가는 개발도상국이다."라고 말했습니다. 어찌 보면 당연한 이야기입니다. 우리들은 너무나

간편하게 세상의 모든 국가를 개발도상국과 선진국으로 구분하고 있지만, '개발 (development)'이라는 단어의 의미를 생각해 보면 모든 국가는 개발도상국이라는 생각이 듭니다. 그런 차원에서 저출산·고령화 현상도 사람들이 이야기하듯이 정말 문제인 걸까? 인구가 감소하면 경제가 망하는 걸까? 등등을 고민하며 부족하지만 깊게 생각해 보기로 했습니다. 그리고 그 과정에서 지리학의 눈으로 바라보려고 노력했습니다.

그렇다면, 지리학의 장점은 무엇일까요? 아마도 지리학의 가장 큰 장점이자 매력은 자연환경과 인문 환경을 통합적으로 다루는 학문이라는 사실일 것입니다. 즉 지리를 공부하면 어떤 현상을 좀 더 종합적이고 체계적으로 이해할 수 있습니다. 이와 관련된 조성욱 교수님의 글을 정리하면 다음과 같습니다.

> 지리 학습은 생태계를 이해할 수 있게 해 준다. 생태계를 이해하는 것은 자연의 일부분으로서 인간을 인식하는 것이다. 지구상에서 인간 또는 내가 혼자이지 않고, 자연환경과 인간에 의해서 만들어진 인문 환경이 상호작용을 하면서 이루어진다는 것을 이해하게 해 준다. 즉 나 혼자가 아니고 많은 요소들이 상호작용을 하는 그 속에 나의 삶이 이루어지고 있음을 인식하게 해 주고, 나만이 아닌 주변에 대한 지식과 이해가 필요함을 인식시켜 준다. 이러한 인식은 타인에 대한 고려, 자연에 대한 고려 등 인간의 이기적인 삶의 극복에 도움을 준다.

지리학은 우리 주변에서 발생하고 있는 많은 이슈들과 관련이 있습니다. 중국의 고구려 역사 왜곡 문제, 동해 지명 문제, 일본과의 경제 수역 설정 문제 등이 대표적입니다. 그런데 많은 사람들은 이 문제들을 지리적인 문제로 인식하지 못하고 역사나 일반적인 사회과학 문제로 생각하고 있습니다. 2018년 남북 화해와 평화의 분위기가 조성되고 있지만 우리나라의 지정학적(geopolitical) 특성, 반도적 위치, 분단 상황 그리고 미국, 중국, 일본, 러시아 등 주변 강대국 속에서 둘러싸여 있는 상황 등은 지리적 기본 지식의 습득을 요구함에도 불구하고 우리들은 그러지 못하고 있습니다.

우리들은 모두 어떤 관념이나 감정, 사상 등을 가지고 있습니다. 하지만 이것들은 자연적으로 만들어지는 게 아니라, 어떤 맥락(context) 속에서 생성됩니다. 그리고 이렇게 형성된 관념과 사상은 우리들의 일상생활에 많은 영향을 미칩니다. 그런데 우리는 일상생활에서 보고 듣는 많은 경험에서 맥락의 중요성을 자주 간과하고 있습니다. 영국의 지리학자 존 앤더슨(Jon Anderson)은 "**맥락에 관심을 가지는 학문이 지리학이며, 지리학은 어떤 맥락이 특정한 행위와 목적에 어떻게 영향을 미치는지를 파악하고자 하는 학문**"이라고 말했습니다. 동남아시아의 경구(警句) 중에 "물고기는 물에 대해 이야기하지 않는다."라는 말이 있는데, 마치 우리들이 물에 대해 이야기하지 않는 물고기처럼 느껴졌습니다. 즉 우리들 자신이 우리 주변을 둘러싸고 있는 수많은 지리적 맥락들을 무시하고 있는 것입니다. 그래서 저는 저출산과 고령화라는 한국 사회의 큰 이슈와 이 현상이 내포하고 있는 맥락까지 자세히 들여다보고 싶었습니다.

지리학을 공부하는 한 사람으로서, 현실을 올바르게 이해할 수 있는 지리학이 좀 더 많은 사람들의 사랑을 받았으면 하는 마음을 가지고 있습니다. 그래서 어찌 보면 의욕은 앞서고 필력은 뒤쳐지는 제가 글을 쓰기 시작한 것 같습니다. 조금은 부드럽고 때로는 밀도 있는 글을 쓰고 싶었지만 쉽지 않았습니다. 그래도 많은 분들의 도움으로 한 권의 책이 나올 수 있었습니다. 출판계의 불황과 불안한 시장성에도 많은 지리 관련 서적이 나올 수 있도록 관심 써 주시는 푸른길 김선기 사장님, 복잡한 글을 보기 좋게 편집해 주신 이선주 팀장님 그리고 바쁜 시간임에도 불구하고 원고를 검토해 준 태릉고등학교 안철훈·유효선, 홍익대학교사범대학 부속여자고등학교 박용규, 문영여자고등학교 김차곤, 광남고등학교 이진웅 선생님께 감사의 마음을 전합니다.

길지 않지만 지금까지 살면서 참 많은 분들의 도움을 받았습니다. 나란 인간의 출발점인 어머니와 아버지, 여동생 그리고 고등학교·대학교 친구들, 교직 선배님들 그리고 저에게 '지음(知音)'이자 '지음(地音)'인 전국지리교사연합회와 지평의 선생님들께 감사드립니다. 그리고 부족한 남편을 만나 좌충우돌하고 있지만 현명하게 인생을 살아가고 있는 아내 이혜은과 나의 보물이자 미래의 작가인 아들 윤규진에게 진심으로 사랑한다는 말을 전합니다. 저는 어떤 한 인간이 성장하는 과정에서 자신이 인식할 수 있는 부분에서보다, 그럴 수 없는 곳에서 더 많은 존재들이 자신을 도와주고 있다고 믿고 있습니다. 모두 느낄 수도, 전해지지도 않겠지만 그 어딘가에 있을 '동지'들에게 감사한 마음을 전합니다.

짧아서 빛났던 가을날을 기억하며
2018년 10월 즈음

Contents

두 번째 프리즘, 고령화

서문

　인류가 경험한 20세기는 상상할 수 없을 정도의 발전을 겪은 시기이다. 그중에서도 인구 변화는 가장 극적이라고 할 수 있다. 1900년 16억 명이었던 세계인구는 2017년에는 76억 명으로 4배 넘게 증가했다. 이런 급격한 인구 증가의 원인은 크게 네 가지로 볼 수 있다. 첫째, 18세기 후반부터 나타난 일부 유럽 국가들의 사망률 감소. 둘째, 20세기 초반부터 발생한 일부 개발도상국들의 사망률 감소. 셋째, 의학 기술 및 의약품의 발전과 위생 관념의 확산. 넷째, 농업 기술의 발전에 따른 농업 생산력 확대가 그것이다. 의학 기술이 혁신적으로 발달하고 발달된 기술이 개발도상국으로 확산되면서 1970년대 이후 평균수명이 크게 늘어났다. 이로 인해 1900년 기대수명은 37세였으나 2010년에는 69세로 거의 두 배 가까이 상승했다.

　영국의 경제학자 토머스 맬서스(Thomas Malthus)는 1798년 익명으로 『인구론(An Essay on the Principle of Population)』이라는 책을 출간했다. 이 책은 맬서스가 그의 아버지와 벌인 논쟁으로 인해 만들어졌다. 당시 영국 사회의 대표적 철학자인 콩도르세(Condorcet)와 고드윈(Godwin)은 인류의 무한한 진보를 낙관했으며 이런 생각을 맬서스의 아버지는 신봉했다. 그러나 맬서스는 이런 낙관주의에 반대했으며, 특히 당시 빈민들에게 생활보조금을 지급하는 영국 정부의 법안에 대해 '인구 증가를 가속화시켜 빈곤의 악순환을 가져올 것'이라며 반대했

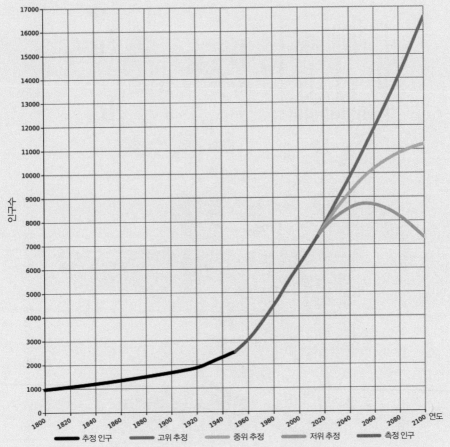

그림 1. 인구 변화 추이 예상(단위: 백만 명)

다. 『인구론』은 이런 그의 주장이 담긴 책이다. 그의 핵심 주장은 "인구는 (억제되지 않을 경우) 기하급수적으로 증가하고, 식량은 산술급수적으로 증가한다."라는 유명한 문장으로 표현되었다.

맬서스의 주장을 이어받은 사람은 미국 스탠퍼드 대학의 교수를 지낸 폴 에얼릭(Paul Ehrlich)이다. 그는 1968년 『인구 폭탄(Population Bomb)』이라는 책에서, 세계인구가 15억 명 정도라면 1인당 약 4.75킬로와트의 에너지(부유한 나라

14

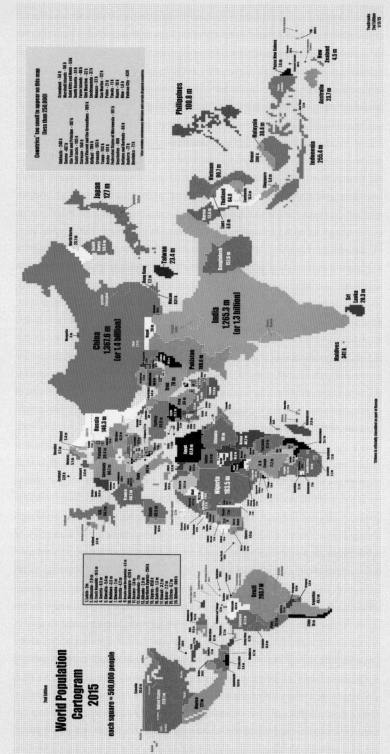

그림 2. 세계인구를 국가 면적으로 표현한 지도(단위: 정사각형 한 개당 인구 50만 명)

의 1인당 에너지 사용량의 거의 3분의 2에 해당하는)를 사용하면서 계속 생존이 가능하다고 주장했다. 그런데 15억 명이라는 인구 수준은 1900년의 세계인구이다. 즉 인류 전체가 에얼릭이 주장했던 당시와 같은 생활수준을 유지하기 위해서는 과거 70년 전의 인구수로 되돌려야 한다는 것이다. 그러나 그의 생각과는 다르게 세계인구는 계속 증가해 왔고 생활수준 또한 높아져 왔다. 유엔은 2017년 세계인구 전망 보고서에서 2050년이면 세계인구가 대략 91억 명에 이를 것으로 추정하고 있다.

물론 단순히 인류 전체의 숫자만으로 인구 과밀화를 단정지을 수는 없다. 설령 91억 명의 인구가 전부 미국으로 이동한다 하더라도 인구밀도는 1㎢당 926명이다. 이는 2014년 프랑스의 수도권인 일드프랑스(Ile de France)의 인구밀도 1㎢당 999명보다도 낮은 수준이다. 인구 문제에 있어서 중요한 것은 절대적인 통계 수치보다는 인구의 '분포' 상태이다. 일반적으로 생각할 때, 인구는 낙후 지역보다 자연환경이 좋고 생활환경이 풍요로운 곳에서 더 큰 폭으로 증가해야 한다. 그러나 최근의 인구 변화는 정반대의 현상을 보인다. 풍요로운 선진국의 경우, 인구가 증가하는 것이 아니라 정체하고 있으며 일부 국가에서는 감소하기까지 하고 있다. 반대로 선진국에 비해 풍요롭지 못한 일부 아시아와 아프리카의 많은 국가들에서는 인구가 급격히 증가하고 있다. 그 결과 선진국과 개발도상국 사이에 인구와 부의 극단적인 불균형이 발생하고 있다.

인구 현상을 바라볼 때 자칫 숫자와 같은 통계 수치에 집착하다 보면 보다 넓은 시야를 잃어버릴 수도 있다. 예를 들어, 2014년에 탄자니아 인구는 4,963만 명, 한국은 4,903만 명으로 거의 같은 인구 수준이다. 그렇다고 이 두 나라가 세계인구에서 유사한 위치에 있다고 할 수 있을까? 물론 그렇지 않다. 세부적으로 보면 두 나라의 상황은 매우 다르다. 2015년 탄자니아의 출산율은 4.89명인 반면, 우리나라는 1.25명으로 대체출산율(현재의 인구규모를 유지하기 위한 출산율)에도

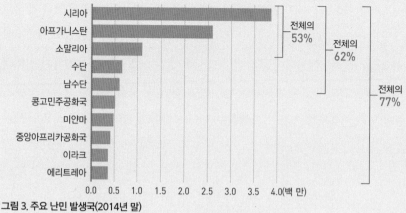

시리아

아프가니스탄

소말리아

수단

남수단

콩고민주공화국

미얀마

중앙아프리카공화국

이라크

에리트레아

0.0 0.5 1.0 1.5 2.0 2.5 3.0 3.5 4.0(백 만)

전체의 53%

전체의 62%

전체의 77%

그림 3. 주요 난민 발생국(2014년 말)

미치지 못하는 초저출산 상태이다. 즉, 탄자니아의 인구 증가율은 2014년 3.15% 이고 우리나라는 0.41%로, 향후 탄자니아의 인구는 계속 증가할 것이며, 우리나라의 인구는 정체 상태에서 머물다 감소할 것으로 예상된다. 또한 빈곤 수치의 경우에도 수치에 나타난 이면을 잘 읽어야 한다. 예를 들어, 세계적인 인구 전문가 한스 로슬링(Hans Rosling)은 "숫자와 비율(%)의 차이를 이해해야 한다"라면서 "아프리카의 빈곤 수치는 총인구가 늘어나면서 비율은 낮아졌지만, 절대적인 숫자는 늘었다"고 말했다.

그런데 이처럼 세계인구에 대한 통계 지표를 살펴보면 증가와 감소, 부족과 과잉 상태 간의 간극이 메워질 것 같은 착각이 들기도 한다. 이를 테면 인구 분포에 있어서도 방글라데시의 경우 인구 밀도(2017년)는 1㎢당 1,109명으로 세계 최고 수준인 반면, 몽골의 인구 밀도(2017년)는 1㎢당 1.9명으로 세계에서 가장 낮은 수준이다. 또한 니제르와 말리 등 높은 출산율과 낮은 기대 수명을 보이는 아프리카 대륙의 많은 국가들이 있는 반면, 출산율이 너무 낮아 사망률을 상쇄하지 못하는 국가들도 있다. 이러한 지표들을 섞어 버리면 그 간극은 메워지는 것이다.

사람은 어떤 이유에서든 이곳에서 저곳으로 이동을 한다. 특히 최근에는 세계화가 널리 확산된 경제 상황과 세계 각국의 정치적 불안정이 사람들의 이주를 더욱 확대시키고 있다. 이와 관련하여 한 장의 사진이 세계인들을 울렸다. 터키 해변에서 숨진 채 발견된 시리아의 어린이인 알란 쿠르디(Alan Kurdi)의 사진이다. 2015년 9월 이슬람 극단주의 테러단체 IS(이슬람국가)의 위협을 피해 시리아 북부에서 터키로 탈출한 뒤 지중해를 건너 그리스로 가려던 배가 사고를 당했다. 이 배에 타고 있던 세 살배기 쿠르디와 엄마, 형은 싸늘한 주검으로 발견되었다.

시리아에서 난민 발생이 급증하는 요인은 내전이다. 시리아에서는 2010년 튀니지의 재스민 혁명의 영향을 받은 소규모 평화시위들이 발생했다. 같은 해 3월 시리아 남부의 데라(Derra)에서 17세의 어린 학생 15명이 그들의 학교 벽에 "국민은 정권의 붕괴를 원한다"는 낙서를 했다는 이유로 경찰에 체포되어 고문을 당하는 사건이 일어났다. 이로 인해 시민 봉기가 발생했고, 이에 대한 정부군의 과잉 대응으로 갈등은 점차 극으로 치닫게 되었다. 그 과정에서 IS라는 극단적인 테러단체까지 만들어지면서 시리아는 극심한 불안정 상태에 접어들었고 시리아를 떠나는 난민이 급증하였다. 결국 이러한 상황이 쿠르디의 죽음과 같은 비극을 발생시킨 것이다.

현재 전 세계적으로 시리아 내전의 장기화, 미얀마 소수민족인 로힝야족(Rohingya)의 박해 문제 등으로 난민의 수는 계속 증가하고 있다. 미국 뉴욕에 본부를 둔 구호단체 국제구조위원회(IRC, International Rescue Committee)에 따르면 난민과 국내 실향민(난민과 달리 국적국의 국경을 넘지 않았으나 사실상의 난민)이 각각 1,600만 명, 3,600만 명에 달해 제2차 세계대전 이후 최대치라고 한다.

그렇다면 우리나라에 들어온 난민의 수는 얼마나 될까? 그중에서 시리아 난민의 수는 얼마나 될까? 한국에 난민 신청을 한 시리아인은 1994년 이후 2017년까지 1,326명이며 2011년 시리아 내전이 터지며 급증했다. 그러나 이 가운데 4명만이 난민으로 인정받았다. 그리고 '인도적 체류'(난민에 비해 보호와 권리 보장 수준이 낮은) 허가를 받은 난민은 1,120명이다.

우리나라는 난민 신청자 수에 비해 난민 인정 비율이 극히 낮은 국가 중 하나이다. 1994년부터 2017년까지 우리나라 난민 신청자 수는 32,733명이며, 그중에서 난민 지위를 인정받은 사람은 706명으로, 약 2% 정도만이 난민 지위를 인정받았다. 스웨덴, 오스트리아, 노르웨이 등 선진국에 비해 그 수치가 매우 낮은 편이다.

그런데 인구와 관련된 여러 현상들, 즉 지금까지 살펴본 인구 증가, 분포, 선진국과 개발도상국의 불균형 문제, 이주와 난민 문제보다 대중의 관심을 많이 받고 있는 것은 저출산과 고령화이다. 그러나 거의 모든 논의가 '저출산·고령화 = 문제'라는 프레임에 갇혀 있다. 남자와 여자가 만나서 가정을 이루고 결정하는 출산이라는 것은 다분히 사적인 영역이다.(물론 결혼을 하지 않은 경우에도 출산은 할 수 있습니다.) 즉 개인의 선택과 판단의 문제라는 것이다. 아이를 낳고, 낳지 않는 것에는 많은 이유가 있을 것이다. 그런데 왜 국가가 나서서 그 출산을 장려하고 아이를 낳지 않는 젊은 부부들에 대해 비판 아닌 비판을 하는 것일까?

그리고 이 세상에 빨리 나이 들어 '죽고 싶다'는 생각을 하는 사람은 거의 없을 것이다. 진시황이 세상에 존재하지도 않는 '불로초'를 구하려고 애쓴 것처럼 불로장생은 인류의 오랜 꿈이기도 하다. 그런데 왜 평균수명이 늘어나고 사람들이 오래오래 살게 된 지금의 현상을 '고령화'라 부르며 문제라고 하는 것일까?

현재의 인구에 관한 논의를 지켜보면 정작 인구에 포함되어 있는 수많은 개체, 즉 '人(인)'은 없고 '國家(국가)'와 같은 집단의 입장만 존재하는 것 같다. 정작 출산의 당사자이며 주체인 여성과 남성의 입장과 그들의 상황에 대해서는 관심을 기울이지 않고 있기 때문이다. 인구 문제는 경제적인 부분뿐만 아니라 여성 인권 및 양성 평등에 관한 여러 가지 문제를 내포하고 있음에도 우리들은 그 부분을 애써 외면해 왔다.

'인구'를 올바르게 이해하고 미래 사회에 적절히 대처하기 위해서는 사회학, 역사학, 도시학, 인구학, 보건학 등 다양한 학문과 융합되어 있는 '지리학'이 많은 도움이 될 것이다. 바로 이 책은 빠르고 다양하게 변화하는 사회와 인구 변화에 어떤 관계가 있는지에 대한 질문과 고민이 필요한 시점에서 지리학을 둘 사이의 함수 관계를 파헤치는 데 핵심 도구로 사용하였다.

첫 번째 프리즘,
저출산

1. 인구란 '인구 감소'의 반대말이다

인구(人口)는 일반적으로 특정 나라나 지역에 살고 있는 사람의 수를 의미한다. 하지만 저출산과 고령화, 이주와 같은 주제들을 살펴보기 위해서는 인구라는 개념에 대한 좀 더 깊은 이해가 필요하다.

프랑스의 철학자 미셸 푸코(Michel Foucault)는 인구에 대해 논의하면서 '통치(government)'의 개념을 환기시켰다. 서구적 전통에서 통치라는 말은 개인이나 가족과 같은 일상생활의 차원에서 폭넓은 의미를 지니고 있다. 예를 들어, 스스로를 잘 보살피거나 가족, 친지 등 주변 사람들을 잘 살펴 주는 것과 같은 차원에서 사용되었다. 그런데 통치가 인구 차원으로 확대되고 국가적이며 공적인 차원으로 바뀌게 되면서 오늘날의 근대 국가, 즉 공화국을 지탱하는 핵심적 기술로 출현하게 되었다.

전근대적인 주권 국가에서는 통치의 대상이 영토였던 반면, 근대 자유주의하에서는 영토가 통치의 주요한 목표가 아니게 된다. 오히려 중요해진 것은 영토에 포함된 하나의 요소이자 무리인 인구였다. 중세만 하더라도 땅덩어리가 얼마나 큰지가 중요했기 때문에 영토를 넓히기 위해 싸웠다. 하지만 자유주의의 탄생 이후에는 영토에 거주하는 인민, 사람에 초점이 맞춰졌다. 근대국가의 틀이 형성되면서 '인구'가 중요해지기 시작한 것이다. 다시 말해, 18세기 말 프랑스 혁명을 통해 부르주아 사회가 도래하면서 영토에 주안점을 둔 과거의 통치와 이별하고 영토에 거주하는 인간에 대한 통치로 넘어간 것이다.[1]

따라서 인간의 집합체인 인구를 효율적으로 통치하기 위해서 통계학이 중요해졌다. 인간의 출생, 사망, 그리고 2015년 우리나라에서 큰 문제가 된 메르스(MERS) 사태와 같은 전염병 관리, 빈부 격차와 같은 부의 관리 등에서 통계학은 인구의 활동을 관리하고 측정하여 경제적 이익을 이끌어 내는 아주 중요한 도구가 되었다. 현재 통계학은 수학의 그늘에 가려 학문으로서의 위상이 높지 않지만, 과거에는 국가의 학문이었던 것이다.

절대군주 시대에는 통치하는 지역에 대해 낱낱이 알 수 없었지만 근대국가에서는 그것이 가능했으며, 또한 그래야만 통치를 할 수 있었다. 예를 들어, 인구 통계의 경우, 이전에는 역병과 같이 급격한 변화가 발생할 때만 인구조사를 실시했다. 이것은 상시적인 조사가 아니라 불연속적이고 일시적인 작업이었다. 그러던 것이 근대국가에서는 인구통계가 국가가 해야 할 가장 중요한 일이자 국가의 통치자가 반드시 알아야 할 지식이 되었다. 국가를 구성하고 있는 인적·물적 자원에 대한 완벽한 지식이 요구되었던 것이다.[2] 18세기 말부터 일부 국가에서 시작된 근대적인 인구센서스(population census)가 현재 거의 모든 국가로 확대된 이유도 바로 이 때문이다.

푸코의 논의로 돌아가 기존의 인구 개념을 다시 생각해 본다면, 원래 인구라는 개념 자체에 인구 감소의 반대 의미가 들어가 있다. 즉 인구를 뜻하는 프랑스어 '포퓰라시옹(population)'은 '인구 감소(dépopulation)'의 반대말이었다.[3] 통치자에게 힘의 원천이자 근거인 인구는 결국 생산력으로서의 인구이며, 따라서 그 수가 감소해서는 안 되는 것이었다.

2. 인구 과잉에 대한 두려움

낙태를 정당화한 플라톤과 아리스토텔레스

고대 그리스의 철학자인 플라톤(Plato)은 『대화』, 『국가』, 『법률』에서 사용 가능한 공간과 자원에 따라 최적 인구를 규정했다. 그리고 안정적이며 이상적인 인구수를 유지하려면 어떻게 사회를 조직하고 운영해야 하는지 설명했다. 같은 그리스의 철학자 아리스토텔레스(Aristoteles)도 『정치학』에서 플라톤과 유사한 주장을 펼쳤다. 아리스토텔레스는 "무조건 인구가 많아야 도시국가가 확대되는 것은 아니다."라면서 "인구가 너무 많으면 오히려 질서 확립이 어렵다. 시민의 수가 지나치게 많으면 통제에 어려움이 생긴다. 또 서로 안면을 아는 사람들이 줄어들면서 상대적으로 범죄가 늘어날 가능성이 높아진다. 더욱이 수많은 군중에 묻혀 외국인이나 거류 외국인(메테크)이 그리스 시민을 사칭하는 일이 발생할 수도 있다."고 덧붙였다.[4] 특히 빈곤층이 증가하게 되면 사회가 혼란해지고 공공질서가 문란해질 수 있다고 주장했다. 아리스토텔레스는 자원이나 식량 부족과 같은 문제 때문이 아니라 질서 유지 측면에서 인구 증가를 우려했던 것이다.

그렇다면 플라톤이나 아리스토텔레스는 그들이 주장하는 이상 사회를 위협하는 인구 과잉을 해결하기 위해 어떤 대책을 내놓았을까? 그들은 완전한 삶과 단순히 죽지 않고 살아 있는 생존 상태를 엄격히 구분하였다. 목적과 의미가 없는 단순한 생식과 생존은 도덕적으로 옳지 않은 것으로 생각했다. 따라서 플라톤은 국가를 경영하는 일에서 낙태는 큰 선(善)을 위한 사소한 희생쯤으로 간주했으며, 아리스토텔레스 또한 인구 과잉을 해결하기 위해서는 낙태를 허용해야 한다고 주장했다. 고대 그리스의 인구론은 이미 근대와 현대 인구론에서 다루는 주제들을 폭넓게 다루고 있었다. 이러한 주장은 인류 역사에서 우생학과 맬서스주의, 외국인 혐오주의로 나타나고 있다.

맬서스와 에얼릭

영국의 경제학자였던 맬서스는 1789년 조지프 존슨(Joseph Johnson)이라는 가명으로 펴낸 『인구론(An Essay on the Principle of Population)』에서 인구는 기하급수적으로 증가하는 데 비해 식량은 산술급수적으로 증가하기 때문에 이로 인해 인류는 큰 위험에 직면할 것이라고 주장했다. 맬서스는 낙태, 피임과 같은 예방적 억제 요인과 함께 기아, 질병, 전쟁이라는 적극적 억제 요인으로 인구를 줄일 수 있다고 보았다. 이것은 그가 기아와

그림 1-1. 토머스 맬서스(Thomas Malthus)

전쟁 같은 것조차 인구를 줄일 수 있다면 긍정적 요소로 판단했던 것을 의미한다. 그러나 이러한 맬서스의 주장에는 중요한 문제점이 있다. 맬서스가 공포를 느끼

고 억제해야 한다고 주장했던 인구는 맬서스 자신과 같은 귀족이 아니라 당시 산업혁명과 급격한 사회 변화로 인해 도시로 몰려든 도시 빈민들이었다는 점이다. 그에게는 오직 늘어나는 도시 빈민만이 문제였던 것이다. 맬서스에 관한 내용은 뒷장에서 더 자세히 다룬다.

맬서스 이후 인구 과잉에 대한 문제점을 제시한 이는 생태학자 폴 에얼릭(Paul Ehrlich)이었다. 그는 아내와 인도를 여행한 뒤에 인구 증가에 관심을 갖게 되었으며, 1968년 펴낸 『인구 폭탄(Population Bomb)』에서 맬서스의 디스토피아적인 경고를 부활시킴으로써 화제를 모았다. 당시 세계인구는 35억 명이었는데, 그는 1970~1980년대에 지구촌이 인구 과잉에 따른 기아로 큰 고통을 당할 것이라고 예측했다. 그러나 그의 주장은 종교적이며 묵시록적인 면이 있어 반대 의견이 많았다.

그중 대표적인 사람이 미국 메릴랜드 대학의 교수 줄리언 사이먼(Julian Simon)이었다. 사이먼 교수는 21세기 이후 인간의 지식에 의해 자연자원에 접근할 수 있는 제약 조건이 완화될 것이며, 자원을 대체할 수 있는 인간의 지적 능력이 향상되어 이를 보완할 수 있다고 주장했다. 또한 인간의 창의성으로 인해 자원이 고갈되는 일은 발생하지 않을 것이라 주장했다. 그러나 이는 인구 성장과 자원의 희소성 개념, 자원 낭비에 대한 당시 사회 통념과는 너무나 다른 것이었다.

에얼릭 vs 사이먼   읽을거리 ○

에얼릭과 사이먼 간의 유명한 일화가 있다. 1980년 사이먼은 에얼릭에게 다섯 종류의 금속을 선택하게 했다. 5종의 금속은 크롬, 구리, 니켈, 주석, 텅스텐이었다. 10년간 이 금속들의 희소성에 의해 가격이 상승하는가, 하지 않는가에 대해 1,000달러를 건 내기를 제안한 것이다. 당연히 에얼릭은 '금속 가격이 상승한다'에, 사이먼은 '그렇지 않다'에 돈을 걸었다. 결과는 사이먼의 승리였다. 주요 이유는 1980년대 경기 침체로 인해 금속류의 수요가 감소했기 때문이다.[5]

1962년은 환경 운동 역사에서 아주 중요한 해이다. 레이철 카슨(Rachel Carson)의 『침묵의 봄(Silent Spring)』이 출간된 해이기 때문인데, 이는 미국의 환경 운동이 크게 활성화되는 중요한 동기가 되었다. 그로부터 6년 뒤, 에얼릭의 『인구 폭탄』이 출간되자, 산업화로 인한 환경 파괴와 인구 증가에 관해 생태학과 사회·경제학적인 관심이 높아졌다. 에얼릭은 토양 오염, 오염 물질의 전 지구적 확산, 해양 오염 및 산성화, 지하수 고갈 등 생태계 파괴의 원인은 기후변화와 그로 인한 자연재해 확대와 인구 증가 때문이라고 주장했다. 결국 현재 발생하는 기후변화와 같은 지구 생태계의 '글로벌 붕괴'의 중요한 요인 중 하나가 바로 과잉 인구임을 주장했던 것이다.

3. 과거를 알아야 현재를 이해할 수 있다

'스케일'의 중요성

최근 지리학뿐 아니라 전 학문에 걸쳐 '스케일(scale)'이라는 개념이 중요해지고 있다. 전통적으로 스케일이라는 용어는 지도학적 개념이다. 이는 한국과 일본 등의 동아시아에서는 '축척(縮尺)'으로 번역되며, 지표상의 실제 거리를 지도 위에 축소하여 보여 주는 비율을 가리킨다. 하지만 사회-공간적 차원에서 논의되는 스케일이라는 개념은 지도학적 개념과는 달리 자연 혹은 인문적 사건, 과정, 관계들이 발생하고 펼쳐지며 작동하는 공간적 범위를 의미한다.[6]

과거 공간과 사회를 바라보는 국가주의적 관점에서는 지역을 변화되지 않는 주어진 공간으로 간주하였다. 그러나 이와 같은 관점으로는 시시각각으로 변화하는 21세기의 지역 사회를 이해하기 어렵다. 현대 사회가 형성되고 변화하는 과정은 다층적이고 역동적이며 다양한 속성과 특성을 가지고 있기 때문이다. 또한 사회가 가지고 있는 몇몇 속성에만 주목할 경우, 사회에 대한 편견을 갖게 되어 객관적이고 균형 잡힌 이해를 할 수 없다. 예로 들면, 아프리카는 흑인들만 살고 있는 대륙이라거나 내전과 기근이 만연하고 원시적인 생활수준에서 벗어나지 못하고 있는 곳이라는 식의 왜곡된 이해를 하는 경우가 많다. 이는 아프리카를 다양한 스케일에서 접근하지 않고 고정된 스케일에서만 바라보는 데 따른 문제점이라고도 볼 수 있다.

그림 1-2를 보면, 우리가 '경험'하는 일상생활은 가정과 직장이라는 로컬 스케일이다. 또한 현대 사회의 '이데올로기'는 국민국가의 스케일로, 국가 구성원들에게 국민으로서의 정체성을 부여하고 국민국가를 세계의 가장 기본적인 구성 단위로 인식시킨다. 마지막으로 우리의 '현실'은 로컬, 국민국가의 스케일을 넘어 세계 정치·경제의 동향과 궁극적으로 글로벌 자본주의 경제체제의 영향을 받고 있다. 예를 들어, 2008년에 논란이 된 밀양 송전탑 사건은 경상남도 밀양시에 765킬로볼트(kV)의 고압 송전선과 송전탑을 세우는 문제를 두고 밀양 시민과 한국전력 사이에 벌어진 분쟁이다. 이 분쟁은 지역 주민의 생활과 한국전력을 중심으로 하는 정부의 에너지 정책 등 로컬 및 국가 스케일의 차이에서 발생한 문제로 바라볼 수 있다. 게다가 이 문제를 원자력 발전과 환경문제라는 지구적 차원의 스케일로 확대하여 생각하면 이 사건의 사회적 중요성은 더 커진다. 이러한 사례를 연구할

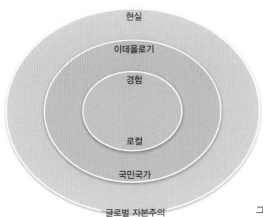

그림 1-2. 지리적 스케일의 수직적 구조

경우 비록 로컬 스케일에서 나타나는 사건일지라도 스케일을 고정하여 생각하는 것과 다양한 스케일에서 살펴보는 것에는 현실 사회 문제를 이해하는 데 큰 차이가 발생한다.

저출산 현상을 살펴볼 때에도 앞에서 언급한 스케일의 관점을 적용해 볼 수 있다. 다음 인용문은 신문 기사의 제목들이다.

"한국, 저출산·고령화에 발목…"
"잠재성장률 2%대…결국은 저출산·고령화 문제"
"저출산, 나라의 존망이 걸린 문제"
"2750년 인구 0명 대한민국"

모두 저출산 현상을 큰 사회 문제로 인식하고 있으며, 저출산 현상과 나라의 존망까지 연결시키고 있다. 1,000년 이내에 한국이 사라질 것이라는 디스토피아적인 예언을 담고 있는 제목도 있다.

다중 스케일적 관점에서 살펴보면 위와 같은 기사 제목들은 모두 국가적 스케일에서 저출산을 문제로 규정하고 분석하고 있는 것이다. 그러나 출산은 전적으로 개인 선택의 영역으로 자기결정권이 존중되어야 한다. 국가적 차원에서 여러 가지 문제가 발생할 수 있다 하더라도, 개인적 스케일에서 생각하면 사적 영역인 출산에 국가가 개입하여 "많이 낳아라, 적게 낳아라" 하면서 강제할 수는 없는 것이다.

우리나라의 경우 불과 30~50년 전까지만 해도 자녀를 많이 낳으면 죄인이나 야만인 취급을 하면서 불임 시술에 각종 혜택을 주었다. 그런 노력의 결과 우리나라의 합계출산율은 1970년대부터 꾸준히 감소하여, 1983년 대체출산율 이하로 떨어졌다. 이후에도 정부는 출산 억제 정책의 기조를 이어갔으며, 1996년 공식적으로 산아 제한 위주의 인구 정책을 폐지했다.

국민 개인 입장에서는 이런 정부 정책의 변화로 큰 혼란이 있을 수 있으며 이해할 수 없는 부분도 있을 것이다. 그러나 출산하지 않는 개인 행위의 집합이 사회적으로 부정적인 결과를 초래할 경우에는 국가의 정책적 개입이 필요하다. 다만, 저출산이 어떤 부분에서 어떠한 방식으로 사회에 좋지 않은 영향을 미치는지 상세하게 짚고 넘어가야 한다. 또한 저출산 현상의 원인을 명확히 규명해야만 국가가 올바른 정책을 개발할 수 있을 것이다.

오늘날 한국 사회에서 아이를 낳지 않는 분위기가 널리 퍼진 것은 우려할 만한 상황으로, 이는 그만큼 우리 사회가 아이를 키우기에 좋지 않은 환경이라는 것을 단적으로 보여 준다. 그렇다고 저출산 현상을 인과관계로만 생각하고 어떤 문제의 결과로 파악하여 대책을 마련하는 것은 근본적인 해결책이 될 수 없다.

일부에서는 가족 가치의 붕괴나 인구 감소로 인한 국력 약화 때문에 저출산이 사회적 문제라고 주장한다. 하지만 가족의 가치가 의미하는 바는 모든 개인과 가족에게 매우 다를 뿐만 아니라 다양한 가족 형태야말로 개인의 선택과 결정의 영역이다. 인구 감소 그 자체도 큰 문제가 될 만한 것이 아닐 수 있다. 현대 사회에서는 인구 규모가 곧 국력의 근원도 아닐 뿐더러 국가주의적인 의미에서 국력 운운하는 것이 국민 개인의 삶의 질에 앞설 수는 없기 때문이다. 결국 현대 사회의 중요한 키워드인 '저출산'에 대한 올바른 문제 인식과 해결책을 마련하기 위해서는 다양한 스케일과 차원에서 현상을 분석해야 한다.

출생률의 변화

어떤 한 집단에서 여성이 아이를 얼마만큼 낳는가에 관한 지표로는 조출생률

(출생률)과 합계출산율(출산율)이 있다. 조출생률(crude birth rate)이란 연간 총 출생아 수를 그해의 연앙인구(年央人口, 대개 7월 1일의 인구)로 나누어 그 수 치를 천분비로 나타낸 것이며, 흔히 출생률이라고 한다. 조출생률은 인구 규모 가 각기 다른 지역의 시점 간 출산 수준을 비교할 때 유용하다. 합계출산율(total fertility rate)은 출산 가능한 여성의 나이인 15세부터 49세까지를 기준으로 한 여 성이 낳을 것으로 예상되는 평균 자녀의 수를 나타낸 것이다. 흔히 출산율이라고 하며 국가별 출산력 수준을 비교하는 주요 지표로 이용된다. 조출생률과 합계출 산율은 명백히 다른 개념이지만, 용어가 유사하여 혼동하는 경우가 많다.

선진국과 개발도상국 사이의 출생률과 사망률 수준의 차이는 큰 편이다. 한 나 라의 인구 발달 단계를 알기 위해서는 먼저 인구 변천 과정을 살펴봐야 한다. 대 부분의 선진국은 인구 변천이 많이 진행되어 후기 상태에 있으며, 개발도상국은 일부 국가를 제외하고는 인구 변천이 지속적으로 전개되고 있다. 인구 변천이란, 출생률과 사망률이 높은 단계에서 낮은 단계로 인구 특성이 바뀌면서 발생하는 인구학적 변화를 의미한다. 이런 변화를 경제 발달 수준에 따라 모형화한 것이 인 구 변천 모형이다. 인구 변천 모형은 산업화 및 근대화가 인구 변동과 연관되어 있음을 가정하고 있으며, 기본적으로 출생과 사망의 추세에 따른 인구 성장 유형 의 변화를 이해할 수 있다. 인구 변천 모형은 주어진 사회의 인구 추세를 전망하

출생률과 출산율? 읽을거리 ○

일반적으로 조출생률과 합계출산율을 혼동하는 경우가 많다. 조출생률이란 인구 1,000 명당 출생아 수를 의미하는데, 우리나라는 2016년 7.9였다. 이 수치는 2016년의 연앙 인구(5,111만 명)를 한 해 동안 태어난 출생아 수(40만 6,000명)로 나누어 1,000을 곱한 것이다. 단위를 혼동해서 출생률 7.9를 7.9%로 사용하여 출생아가 전체 인구의 7.9%라 고 해석하거나, 출생아 수가 전년 대비 7.9% 증가한 것으로 오해하는 것은 오류다. 합계 출산율은 여성 1명이 평생 동안 낳을 것으로 예상되는 평균적인 출생아 수를 의미한다.

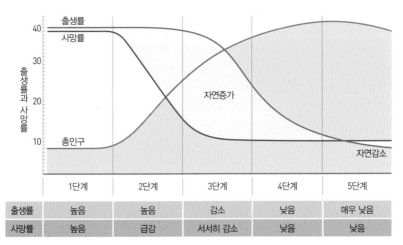

	1단계	2단계	3단계	4단계	5단계
출생률	높음	높음	감소	낮음	매우 낮음
사망률	높음	급감	서서히 감소	낮음	낮음

그림 1-3. 인구 변천 모형

는 지표를 제공하며, 여러 사회의 경험을 비교하여 전 세계적인 수준에서 인구 성장에 대한 전망을 갖는 데 도움을 준다.

그림 1-3의 모형을 단계별로 살펴보면, 1단계는 근대화 이전 단계로 전통적인 농업 사회에서 나타나는 다산다사(多産多死)형의 고위 정체기이다. 2단계는 의학 기술의 발달과 경제 발달로 인구 부양력이 향상됨에 따라 나타나는 다산감사(多産減死)형의 인구 폭발기로, 저개발 국가 및 개발도상국의 인구 성장을 보여 준다. 3단계는 여성들의 사회·경제적 지위 향상과 가족계획 등의 산아 제한 정책으로 나타나는 감산소사(減産少死)형의 인구 증가 둔화기로, 저개발 국가 및 개발도상국에서 선진국으로 넘어가는 국가들의 인구 성장을 보여 준다.[7] 4단계는 낮은 인구 성장률과 고령화 현상이 나타나는 소산소사(少産少死)형의 저위 정체기로, 고도의 산업화를 이룬 선진국의 인구 성장을 보여 준다. 5단계는 출생률이 사망률보다 낮은 수준을 보이는 단계로 인구가 감소한다.

세계 각국의 인구 특성과 차이를 인구 변천 단계와 관련지어 살펴볼 수 있다. 현재 1단계에 해당하는 국가는 없지만, 2~5단계에 속하는 국가들을 중심으로 그 특징을 살펴볼 수 있다. 2단계에 해당하여 높은 인구 성장을 보여 주는 국가는 카보베르데(Cape Verde)이다. 이곳은 아프리카 서부의 세네갈에서 서쪽으로 600km 정도 떨어진 대서양의 섬나라이다. 카보베르데는 1950년대 이전까지는 심각한 기근과 전염병으로 출생, 사망 그리고 인구의 자연적 증가 패턴이 아주 혼란스러운 인구 변천 1단계에 있었다. 그러다 1950년대 들어서 인구 변천 2단계에 진입해 1950년 178,000명이던 인구가 1955년 195,000명으로 증가했다. 이처럼 카보베르데가 인구 변천 2단계로 진입할 수 있었던 이유는 말라리아 퇴치 운동으로 인해 조사망률이 크게 감소하였기 때문이다. 조출생률은 2010년 22‰(같은 시기 덴마크의 조출생률은 11‰)로 여전히 높아 인구 변천 2단계 국가의 특징을 보여 주고 있다.

3단계에 해당하는 국가로는 칠레가 있다. 칠레는 1차 산업인 농업을 중심으로 한 촌락 중심 사회에서 2차 산업인 제조업과 3차 서비스 산업을 바탕으로 하는 도시 사회로 변화하였다. 1900년 무렵에는 인구 변천 1단계에 해당되었으며, 1930년대 들어 사망률의 급격한 감소로 인구 변천 2단계에 진입하였다. 칠레는 다른 라틴아메리카 국가들과 마찬가지로 선진 의료 기술이 보급되면서 말라리아, 천연두 등의 질병을 통제할 수 있게 되어 사망률이 빠르게 감소하였다. 1960년대 이후 인구 변천 3단계에 진입하여 이전에 비해 사망률은 완만하게 감소하였지만, 출생률이 급격하게 감소하였다. 이렇게 칠레가 인구 변천 2단계에서 3단계로 전환된 것은 1966년 시작된 칠레 정부의 강력한 가족계획 정책의 영향이 크다. 그리고 이 시기 소득이 감소하고 실업률이 높아짐에 따라 많은 젊은이들이 결혼과 임신, 출산을 미룬 것과도 관련이 있다.

오늘날 칠레의 자연적 인구 증가율은 지난 1950년대에 비해서 낮지만, 가까운 시기에 칠레가 인구 변천 4단계로 진입할 것으로 여겨지지는 않는다. 그 이유는 1970년대 들어 칠레 정부는 인구 성장이 국가의 안정과 경제 발전의 토대가 된다는 것을 인식하고, 이전의 가족계획 정책을 폐기하고 인구 정책을 전환하였기 때문이다. 게다가 칠레 국민 대부분은 인공적인 산아 제한 시술에 반대하는 로마 가톨릭 신자이기 때문에 앞으로 칠레의 출생률이 지속적으로 감소하지는 않을 것으로 예상된다.[8] 실제로 칠레의 합계출산율 변화를 보면 1995년 2.2명, 2000년 2.0명, 2005년 1.82명, 2010년 1.89명으로 꾸준하게 높은 수준을 유지하고 있다.

4단계에 해당하는 국가는 덴마크가 있다. 대부분의 유럽 국가들이 덴마크처럼 인구 변천 4단계 해당한다. 덴마크는 1970년대 이후부터 사망률과 출생률이 거의 비슷한 수준을 유지하고 있으며, 큰 변화가 나타나지 않는 정체된 상태이다. 덴마크의 인구 피라미드 유형은 피라미드형이 아닌 노년층의 비율이 높은 종형이다. 의료 기술이 더욱 발전함에 따라 미래에는 노년층의 비율이 청·장년층의 비율보다 더 커질 것으로 예측된다.[9]

5단계는 최근 사망률이 출생률보다 높아 자연증가율이 마이너스에 도달한 몇몇 국가들이 해당되는데 독일, 일본 등이 대표적이다. 그러나 인구의 자연 증가율이 마이너스가 되었다고 반드시 인구가 감소하는 것은 아니다. 그 이유는 이주의 영향 때문이다. 이에 해당하는 대표적인 국가는 독일이다. 독일은 1970년대부터

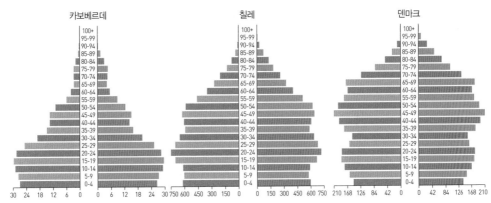

그림 1-4. 카보베르데, 칠레, 덴마크의 인구 피라미드(CIA, 2015)

사망률이 출생률보다 높은 상태였다. 실제로 지난 2015년 전체 사망자 수는 92만 5,200명, 출생자 수는 73만 7,575명으로 사망자 수가 18만 명 이상 더 많았지만 독일은 많은 수의 이민자를 받아들여 인구가 감소하지 않았다. 또한 이민자들의 경우 젊은 층이 대부분이기 때문에 독일 전체 연령대를 낮추는 효과도 있었다. 일본의 경우에도 2008년경부터 출생자 수보다 사망자 수가 많아 인구 증가율이 마이너스 성장을 기록하고 있다. 그러나 일본은 독일과 달리 외국으로부터 이민자를 받아들이는 데 소극적이어서, 전체 인구가 2010년 1억 2,805만 명에서 2014년 1억 2,708만 명으로 감소하였다.

주변 국가들의 출산율 변화

유럽이나 북미 지역의 출산율 변화는 전통적인 특징을 가지고 있다. 특히 앞에서 살펴본 인구 변천 모형에 대입이 가능한 고전적 설명에 해당된다. 그런데 전세계 국가들 중에서 가장 뚜렷한 출산율 변화를 보여 주는 국가는 중국이다. 중국의 합계출산율은 1960년대 6명 정도였던 것이 1980년 2.7명으로 크게 떨어졌다. 중국의 이와 같은 급격한 출산율 변화는 유럽과 북미의 경우처럼 자본주의적 경로를 통해 변화한 것이 아니라, 중국 정부의 강력한 산아 제한 정책을 통해 달성된 것으로 높은 사회적 비용이 소요되었다.

한편 한국, 일본, 타이완의 인구는 균형 속에서 성장한 유형이라고 할 수 있다. 한국을 비롯한 일본과 타이완은 아시아 국가들 중에서도 초고속 성장을 경험한 나라로 인구학적 측면에서도 경제적 성장에 상응하는 결과가 나타나고 있다. 타이완의 합계출산율은 1950년대 초부터 하락하기 시작해 1980년 2.5명이었던 것이 1990년 1.8명, 2000년 1.6명, 2010년 0.9명을 기록했다. 한국은 1980년 2.8명

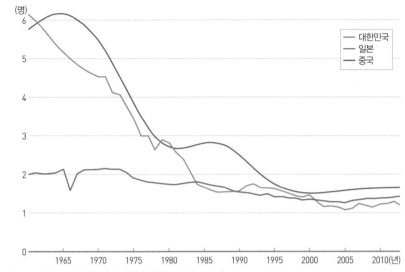

그림 1-5. 한국, 일본, 중국의 출산율 변화(세계은행, 2016)

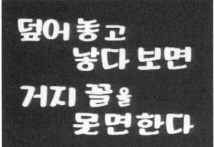

그림 1-6. 출산 억제를 주장하는 가족계획 포스터 및 표어

이었던 것이 2013년 1.18명, 2018년 0.9명을 기록했다. 한국과 타이완의 가족계획 프로그램은 강압적이며 반인권적인 측면이 강했던 중국과는 다르게, 프로그램이 발전되어 나감에 따라 정부가 국민들에게 제공하는 사회 서비스적인 측면이 강했다. 한국과 타이완 정부는 필요에 따라 권위주의적일 때도 있었지만 가정생활을 둘러싼 개인의 사생활 영역은 인정했다. 또한 가족계획 프로그램이 정착되기 전에 이미 출산율이 떨어지고 있는 상태였기 때문에 국민들은 자연스럽게 정부의 가족계획을 받아들일 준비가 되어 있었다고 할 수 있다. 따라서 이 두 국가에서 시행된 가족계획 프로그램은 출산율 하락을 촉진하며 안정화하는 데 기여했다고 볼 수 있다.

가족계획의 역사

'덮어놓고 낳다 보면 거지꼴을 못 면한다', '딸·아들 구별 말고 둘만 낳아 잘 기르자'. 불과 40~50년 전 등장했던 가족계획 표어들이다. 그러나 지금은 상황이 너무나 다르게 변했다. 1960~1980년대만 하더라도 국가 차원에서 강력한 출산 억제 정책을 시행했으나, 2000년대로 들어오면서 국가적으로 저출산이 사회 문제로 부각되기 시작했다. 그만큼 인구 정책에도 급격한 변화가 시작된다.

광복 당시 한반도의 인구는 약 2,500만 명으로 출산율이 높았을 뿐만 아니라 열악한 거주 환경과 보건 환경으로 영아사망률 또한 높았다. 사회적으로는 일제 강점기에 해외로 빠져 나갔다가 광복과 함께 귀국한 동포들이 빠르게 도시로 유입되면서 도시 지역에서 급격한 인구 증가가 나타났다. 그 후 6.25 전쟁으로 인한 인구 감소가 막대했으나, 정전 후에는 베이비붐(baby boom)으로 인구가 급격히 증가하였다. 그리고 이때부터 가족계획 사업이 시작되었다.

그림 1-7. 영화 〈잘살아보세〉 포스터

당시 가족계획 사업은 국가 차원이 아닌 개인 연구소나 선교사를 통해 이루어졌다. 우리나라 최초의 가족계획 사업은 1954년 미국인 선교사 조지 워스(George C. Worth)에 의해 시작되었다. 그는 가족계획에 관한 계몽 활동을 하기 위해 『이상적 가정』과 『기독교와 인구문제』라는 책자를 발행하고 각 지역을 돌면서 강연을 실시했다. 그 뒤 1958년 대한어머니회가 창립되면서 가족계획과 관련한 계몽 교육을 실시했으며, 서울대학교 부속병원 산부인과에 가족계획 상담소가 설치되었다. 국가적으로 사업을 진행한 것은 1960년대 제3공화국이 '경제 개발 정책'을 본격적으로 추진하면서부터이다. 당시 정부는 인구 증가를 억제해야 빈곤 문제를 해결할 수 있고 경제 성장도 가능하다고 판단했다.

한편, 1952년에는 몇몇 해외 선진국을 중심으로 인구 문제를 해결하기 위해 국제가족계획연맹(IPPF)이 조직되었다. 우리 정부도 1961년 대한가족계획협회를 설립해 그해 국제가족계획연맹에 가입하였다. 당시 우리나라의 인구 증가율은 2.9%로 1966년까지 2.5%, 1971년까지 2.1%로 내리겠다는 목표를 세웠다. 대한가족계획협회는 1963년부터 전국 보건소에 2명씩 가족계획 요원을 배치하였으며, 1964년에는 전국 1,473개 읍·면에 1명의 계몽 요원을 배치하였다.[10] 2006년 개봉한 영화 〈잘살아보세〉는 1970년대 정부의 가족계획 사업과 관련된 실화를 바탕으로 제작되었다. 출산율이 전국에서 제일 높은 마을인 용두리에 가족계획 요원이 파견되어 마을 주민들에게 피임 방법과 계몽 활동을 하면서 펼쳐지는 에피소드를 보여 준다.

1960년대 전개된 10년 동안의 가족계획 사업의 성과는 크게 나타났다. 우선 20~44세에 결혼한 여성의 피임 실천율은 1971년 25%에 달했고 합계출산율도 1960년 6명이었던 것이 1970년 4.5명으로 감소했다. 정부가 목표했던 1971년도 인구 증가율 2%도 계획대로 달성되었다. 그러나 1960년대 가족계획 방식에는 한계점이 있었는데, 바로 한국인의 남아 선호 사상에서 기인한 남녀 성비 불균형 문제이다. 오랜 농업사회의 전통에 의한 남성 노동력의 중요성, 오랫동안 이어져 온 호주 제도와 제사 문화는 남성을 중시하는 의식 구조의 변화를 어렵게 하였다. 그래서 '딸·아들 구별 말고 둘만 낳아 잘 기르자'라는 가족계획 표어가 1970년대에 나왔다. 또한 1973년 「모자보건법」이 시행되면서 가족계획 사업의 법적 토대가 마련되었으며, 동시에 인공 유산의 허용 범위도 확대되었다.

1980년대 전반기는 정부의 인구 증가 억제 정책이 최고조에 달한 시기였다. 1981년 정부는 당시 경제기획원 주관으로 인구정책심의위원회가 만든 '인구 증가 억제 대책'을 공포하였다. 이 대책의 장기적인 목표는 2050년에 6,100만 명 선에서 인구 성장을 정지시키며, 1988년까지 합계출산율을 2.1명 수준으로 낮추는 데 있었다. 결과적으로 목표를 초과 달성하였는데 1980년 2.82명이던 합계출산율은 1985년 1.66명, 1988년 1.55명으로 급격하게 하락하였다.

정부의 강력한 산아 제한 정책으로 1986년 인구 증가율은 1% 수준으로 하락했으며, 1988년에는 0.9% 수준으로 하락했다. 그동안 정부가 실시한 가족계획 사업의 성과가 충분히 나타났던 것이다. 그러나 이 시기부터 일부에서는 인구 감소의 우려로 가족계획 사업을 축소해야 한다는 주장이 나오기 시작했다. 이미 1983년 이후 한국의 합계출산율은 인구 대체 수준인 2.1명 이하로 급격하게 떨어지고 있었던 것이다. 이러한 출산율의 급격한 하락은 당시 어느 전문가도 예상하지 못한 일이었다. 결국 정부는 1961년 이후 35년간 지속해 오던 산아 제한 정책을 1996년 폐지하고, 노령인구 증가와 남녀 성비 불균형 등 왜곡된 인구 구조를 개선하는

1978년(좌), 1979년(우) 가족계획 홍보용 보통 우표(국가기록원)

1970년대 가족계획 포스터(국가기록원)

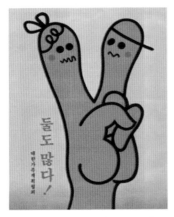

1983년 가족계획 포스터(국가기록원)

2000년대 출산 장려 포스터(보건복지부)

2014년 출산 장려 국민표어 당선작(인구보건복지협회)

그림 1-8. 가족계획의 변화를 보여 주는 시대별 자료

인구 절벽이 아닌 인구 폭발을 두려워했던 시대

우리나라의 인구가 4천만 명을 돌파한 시점은 1983년 7월이었는데, 당시 한 신문의 사설을 보면 인구 4천만 명 돌파를 어떻게 받아들였는지 알 수 있다.

인구 폭발이 우려되는 가운데 우리나라 인구가 드디어 4천만 명을 넘어섬으로써 새삼 인구 문제의 심각성을 되씹어 보게 된다. 우리나라는 이 지구상에서 가장 복작거리는 나라, 그래서 세계인구 문제의 전형이 되며 스스로는 식량, 주택 등 골치 아픈 문제가 가장 많은 나라에 속한다. 단위 면적당 인구밀도는 세계 3위, 평지 기준으로는 1위이다. 말하자면 국민 한 사람 몫의 면적이 세계에서 가장 좁은 나라인 셈이다. 그런가 하면 1인당 면적은 갈수록 줄어들고 있다. (중략) 숫자로만 보아도 숨이 막히고 가슴이 조여드는 느낌을 떨쳐 버리기 어렵다.

그야말로 인구 비상이요, 폭발을 우려치 않을 수 없는 것이다. 인구는 인력이요, 인력은 성장 자원이라고도 하지만 1인당 생활 공간이 이즘 되고 보면 자원을 말하기 앞서 생활의 질, 사회 질서의 파괴를 염려하게 된다. 굳이 맬서스적 발상이 아니더라도 현재의 국토 면적으로는 4천만을 먹여 살리기가 어렵다고 한다. 인구학자들의 예상이기는 하지만 이미 적정선의 2배 수준에 이르렀다는 것이다. 현재 우리의 식량자급률이 82년 기준 53%이고 주택의 경우 전국 평균으로는 네 집에 하나꼴, 도시에선 세 집에 하나 이상 내 집이 없다는 사실만 놓고 보아도 인구학자들의 주장이 과장은 아닌 셈이다.

국토가 너무 좁다. 쉽게 넓힐 수도 없고 어디서 수입할 수 있는 것도 아니다. 그러니 결과적으로 인구가 많다는 것이다. 더 이상 복작거리지 않게 하자면 하루 속히 정지 인구 상태로 끌고 가야 한다. 현재의 인구 증가율 1.57%를 0%까지 낮춰야 하는 것이다. 그렇지 않고서는 가히 인구 폭발이라고 할 상태에 직면케 될 게 뻔하다. 현 상태로 진행되면 앞으로 17년 후인 2천년에 최소 5천만을 넘게 되고 억제책 여하에 따라 그로부터 30년 안팎에 적어도 6천만을 돌파하게 된다.

– 매일경제, 1983년 7월 30일자

데 중점을 두는 새로운 인구 정책을 추진하게 되었다.

2000년대에는 이전에 지속된 인구 억제 정책으로 인해 출산율이 현저히 낮아졌다. 또한 1997년 발생한 IMF 외환 위기로 인한 경제 불안정과 평생직장 체제의 해체는 낮은 출산율을 더욱더 낮아지게 하는 원인이었다. 우리나라의 출산율은 2005년 1.08명으로 나타나 OECD 국가 중 최하위를 기록했다. 우리나라 다음으로 낮은 출산율을 보인 국가는 폴란드로 1.24명이며, 가장 높은 국가는 이스라엘로 2.84명이다. 출산율 저하로 인한 국가적 손실을 우려해 가족계획이 출산 장려 정책으로 변화하였으나, 수십 년 동안 지속되었던 산아 제한 정책으로 인해 굳어진 국민들의 의식은 쉽게 변하지 않았다.

2010년대 들어 우리나라의 고령화 속도는 세계에서 가장 빨라졌고, 출산율은 세계 최저 수준까지 떨어졌다. 정부도 이 문제에 대한 심각성을 인지하고 여러 방면에서 다양한 대책을 내놓고 있으며, 2005년 제1차 저출산·고령 사회 기본 계획을 시작으로 가장 최근인 2020년에 제4차 저출산·고령 사회 기본 계획을 발표하였다.

여성의 삶을 바꿔 놓은 발명품 피임약

출산과 양육은 인류가 역사를 형성하는 데 가장 기본적인 토대이다. 자손이 없다면 인류 역사는 단절되었을 것이다. 따라서 출산의 주체인 여성에게 출산과 양육은 중요한 몫이며 정해진 운명이라는 생각이 오랫동안 사람들을 지배해 왔다. 이런 여성의 운명에 혁신적인 변화가 일어났으니, 바로 '피임법'의 보급이다.

피임이란 의식적으로 임신 가능한 시기를 피하거나 특정 도구 또는 약물을 사용하여 임신을 막는 행위를 말한다. 피임법이 널리 확산된 것은 유럽에서 산업혁명이 일어난 시기이다. 이유는 산업화 이후 급속히 늘어나는 인구를 제한할 필요성이 높아졌기 때문이다. 하지만 과학적으로 정확한 피임 방법은 여성의 몸에서 발생하는 호르몬들의 복잡한 기능이 규명된 다음에야 발명되었다. 그렇다면 호르몬의 기능과 피임 사이에는 어떤 관계가 있는 것일까? 그것을 알기 위해서는 여성의 몸에서 일어나는 호르몬의 분비와 임신의 과정을 이해해야 한다.

여성이 생식 능력을 갖게 되면 배란과 월경이 시작된다. 배란이란 난소에서 성숙한 난자가 배출되는 현상이다. 월경이란 배란 후 임신하지 않는 경우 자궁 속막이 떨어져 나가면서 자궁벽 혈관세포가 배출되어 출혈이 일어나는 현상이다. 여성의 몸에서 한 달을 주기로 되풀이되는 난자의 활동은 꽤 복잡하다. 여러 가지 호르몬이 난모 세포에서 시작해 배란으로 이어지는 과정에서 큰 역할을 한다. 호르몬들은 서로 신호를 주고받으며 여성의 몸을 움직이는 일종의 제어 시스템 역할을 한다. 대표적인 호르몬에는 여포 자극 호르몬, 황체 형성 호르몬, 에스트로

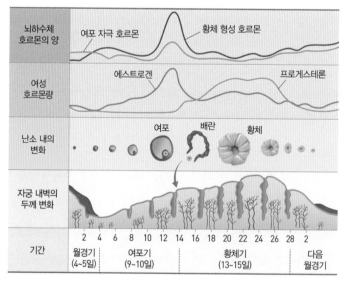

그림 1-9. 호르몬 분비의 변화

겐, 프로게스테론 등이 있다. 이 호르몬들은 서로 다른 호르몬의 작용을 방해하거나 또는 촉진하는 방식으로 작동한다. (고등학교 생물시간이 기억납니다.)

일반적으로 여성의 배란은 4주(28일)마다 한 번씩 일어난다. 그에 따라 월경도 4주를 주기로 일어난다. 월경이 시작된 후 2주 동안은 여포 자극 호르몬과 황체 형성 호르몬의 분비가 늘어나 난소에 있는 난모세포와 이를 둘러싸고 있는 여포가 자극을 받아 성숙된다. 이렇게 해서 성숙된 여포에서는 에스트로겐이 분비되기 시작한다. 2주가 지나면 황체 형성 호르몬의 자극에 의해 난자는 여포 밖으로 배출이 된다. 이때 난자를 잃은 여포는 황체로 변신하는데, 이 황체에서는 에스트로겐과 프로게스테론이 함께 분비된다. 그 후 임신을 하지 않을 경우 황체는 퇴화하기 시작하며, 자궁벽에 있는 혈관세포가 떨어져 나가면서 월경이 시작된다. 4주 간격으로 되풀이되는 월경과 배란은 바로 호르몬의 영향에 의해 여성의 몸에서 일어나는 경이롭고 아름다운 자연의 이치이다.

결국 호르몬의 양을 비정상적일 만큼 증가시키거나 감소시키면 배란이 제대로 되지 않아 임신을 피할 수 있는데, 피임약이란 이런 호르몬 성분이라고 보면 된다. 시중에서 판매되는 피임약 중 일부는 에스트로겐과 프로게스테론을 섞어 만든 것이다. 보통 먹는 피임약은 다른 피임 방법에 비해 간편한 편이다. 하지만 무엇보다 중요한 것은 여성 스스로 사용할 수 있는 피임법이라는 것이다. 과거 여성에게 주어지지 않은 자신의 신체에 대한 '자기 결정권'을 피임약을 통해 일부 획득할 수 있게 된 것이다.

그러나 호르몬을 사용하는 피임약의 부작용을 우려하는 사람들로 인해 피임약은 많은 반대에 부딪혔다. 또한 가톨릭에서는 피임을 신이 내려 주신 자연의 이치를 거스르는 행동이고 결국 이는 신에 대한 모독이라며 강력하게 비난했다. 현재도 다른 종교와 달리 가톨릭에서는 인공적인 피임법을 인정하지 않고 있다. 1930년 교황 비오 11세는 회칙 '순결한 혼인'을 통해 "인공적 피임은 하느님의 법과 자연을 거스르는 중죄로 단죄해야 한다"고 했다.

19세기 미국에서도 피임에 관한 많은 논란이 있었다. 뉴욕주의 정치인 앤서니 컴스톡(Anthony Comstock)은 1873년에 음란한 내용을 담은 어떤 우편물도 배송을 금지한다는 것을 골자로 하는 '컴스톡법'을 통과시켰다. 이 법이 통과되기 전에는 피임 도구 판매를 위한 광고 전단지가 심심치 않게 유통되었으나, 1873년 이후 많은 피임 도구 판매업자들이 기소당했을 뿐 아니라 가명으로 피임 도구를 주문하고 발송하는 사람도 체포당했다. 심지어는 철학적인 논쟁에서 피임에 관련된 주제가 다루어지는 것조차 불법으로 간주되었다. 그러나 마거릿 생어(Margaret Sanger)를 비롯한 많은 여성 운동가들 덕분에 1965년 미국 대법원으로부터 '미국인은 피임을 할 수 있는 헌법적인 권리를 가진다'는 판결을 얻어냈다.

여러 노력 끝에 여성은 피임약을 통해 원하지 않는 임신을 사전에 예방할 수 있었으며, 가족계획을 세울 수 있게 되었다. 영국의 경우 1900년 당시 출산 후 직장에 다니는 여성은 전체의 10% 정도에 불과했지만, 1976년에는 50%까지 상승했다. 19세기 여성의 대부분이 출산 후에는 집에서 자녀를 기르고 돌보는 데 시간을

그림 1-10. 생물학자 그레고리 핀커스가 개발해 1960년 출시된 세계 최초의 경구 피임약 '에노비드'

그림 1-11. 『타임』 1993년 6월 93호 표지. 세계 최초의 사후 피임약 'RU-486' 관련된 내용이 실려 있다.

그림 1-12. 보부아르의 『제2의 성』의 표지

소비했던 것을 생각하면 아주 커다란 변화였다. 여성들은 이전보다 훨씬 자유롭게 직업이나 교육 기회를 추구할 수 있게 되었으며, 여성의 사회적 위치도 달라졌다. 경제적인 기반을 다짐으로써 가정 안에서도 남편과 동등한 관계를 유지할 수 있게 되었다. 피임약은 여성이 억압과 차별로부터 스스로를 해방하고 보다 자유로이 인간의 권리를 누리게 하는 데 큰 역할을 하였다. 원치 않는 임신의 공포에서 해방된 기분은 인생의 거의 모든 시기를 임신과 출산, 양육에 바쳐야 했던 여성들만이 알 수 있을 것이다. 프랑스의 작가이자 평론가 시몬 드 보부아르(Simone de Beauvoir)가 1949년에 발표한 『제2의 성(Le Deuxième Sexe)』 제2부 「체험편」에 이와 관련된 유명한 문장이 나온다.

"여자는 태어나는 것이 아니라 사회에서 여자로 만들어지는 것이다."

가족계획의 방법은 국가별로 차이가 있다. 강력한 산아 제한 정책을 펼쳤던 중국은 주로 자궁 내 피임장치(IUD)와 여성 불임 시술을 하고 있으며, 독일은 피임약과 콘돔을 주로 사용한다. 나이지리아와 같은 사하라 이남에 위치한 국가들은 가족계획을 하는 여성의 비율이 25% 이하로 아주 낮게 나타나고 있다. 자궁 내 피임장치 같은 경우 월경 과다, 생리통 등 부작용이 있어 미국, 영국 등 주요 선진국에서는 사용 비율이 낮은 편이다. 한국 정부도 과거 자궁 내 피임장치 시술을 정부 가족계획 사업의 공인된 피임 방법으로 채택하였다. 1962~1971년 기간 중 자궁 내 피임장치 시술 100만 건, 불임 수술(정관) 15만 건이 시술되었다. 자궁 내 피임장치 시술은 당시 정부 가족계획 사업에서 가장 큰 비중을 차지하는 피임 방법이었다. 그런데 콘돔 같은 간편한 피임법을 두고 여성의 몸에 부작용이 발생할 수도 있는 피임법을 정부의 공인 피임법으로 지정한 이유는 무엇일까? 이것은 자신의 몸에 대한 자기 결정권이 남성에 비해 여성에게 현격히 낮았기 때문일 것이다. 국가는 어머니들의 참여와 실천을 사적인 것으로 폄하하고 모성의 의미에 대한 공적 승인(recognition)을 회피하였다. 또한 여성들은 자신의 출산 통제를 사적인 것으로 여겼을 뿐만 아니라, 피임을 위해 위험한 약품과 기구들 앞에 자기의 몸을 내어 주고도 그로 인한 고통과 부작용들은 '알아서 참아야 하는 것' 쯤으로 수용하고 말았다. 국가 정책과 모성 실천의 양쪽에서 출산과 모성은 개인적이고 사적인 일로 '주변화' 되었으며, 출산 통제가 여성의 몸에 고통을 수반하고 낙태의 경우처럼 생명 윤리를 거스를 때에도 문제가 가시화되지 못했던 것이다.[11]

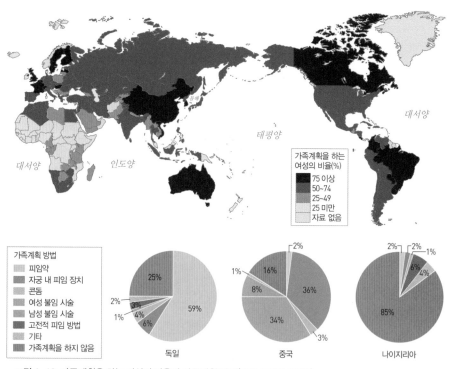

그림 1-13. 가족계획을 하는 여성의 비율과 가족계획 방법(루벤스타인, 2012)

아이 갖기를 주저하는 사회

모옌의 소설『개구리』를 통해 본 중국의 산아 제한 정책

20세기 중반 한국과 중국 정부는 많은 인구수가 국가 재건을 위한 생산력의 원천이며 국가 발전의 원동력이라고 인식했다. 그러나 1960~1970년대 빠르게 증가한 인구는 식량·자원의 공급에 불균형을 일으킬 뿐만 아니라 정치·사회적 발전의 장애로 판단하였다. 따라서 산아 제한은 생활수준 향상과 물질문명의 발달을 위해 필수적인 전제 조건이 되었으며, 국가의 보존과 번영, 국력 강화를 위해 주민의 성장, 건강, 출생률, 성(性) 등을 국가의 권력 장치 안에 통합하여 관리하게 되었다.[12]

1960년 이후 한국, 인도, 중국, 타이완 등에서 실시된 산아 제한 정책은 공통적으로 다산(多産)은 가난의 원인이라는 맬서스적 논리에 기반을 두었다. 대부분의 국가들은 궁극적으로 자녀를 낳느냐 낳지 않느냐의 선택권이 개인에게 있음을 인정하고 계몽과 혜택을 통해 가족계획을 실행하였다. 반면, 중국은 출산 선택권을 국가가 쥐고 직장, 마을 단위로 출산 수를 할당해 강제적으로 개인의 출산을 제한하였다. 그 과정에서 수많은 여아가 살해당했으며, 인공 유산으로 인한 여성의 건강권이 침해당했다. 모옌(莫言)의 소설『개구리(蛙)』는 이런 중국 정부의 산아 제한 정책의 실상을 보여 주고 있다.

모옌은 2012년 중국 소설가로는 처음으로 노벨 문학상을 수상하였다. 2009년 발표한『개구리』는 1986년 발표한『붉은 수수밭』과 함께 그의 대표작이다. 소설『개구리』의 주인공 산부인과 의사 완신(萬心)은 소설 속 화자의 고모이며 충성스러운 공산당원이다. 그녀는 어렸을 적부터 산둥성의 한 마을에서 산부인과 의사로 일해 왔으며, 부친 또한 의사로 마을에서 신망이 높았다. 그러나 정부가 1979년 가족계획 사업(한 자녀 정책)을 국책 사업으로 지정한 후 그녀는 가족계획 사업 관련 정책을 홍보하고 피임 도구를 나누어 주는 등 정책 실무자로 변신한다. 때로는 정부 관리들과 함께 임산부의 집으로 찾아가 유산이나 유도 분만에 동의할 때까지 설득하고 시술하는 일을 담당하였다.

의사로서 신망이 두터운 완신에게는 큰 약점이 하나 있었다. 그것은 공군으로 근무했던 약혼자가 타이완으로 망명한 것이었다. 이로 인해 자신에게 향한 비판과 의심의 눈길을 견딜 수 없었던 그녀는 자신의 결백함과 과거의 명성을 찾기 위해서라도 정부에 대한 자신의 충성을 보여 줄 필요가 있었다. 따라서 완신은 정부의 바뀐 가족계획 정책을 무비판적이고 열렬하게 추종했다. 국가가 지극히 보편적이며 사적 행위인 임신과 출산에 대해 '나라의 번영'을 앞세워 간섭하는 것이 정당화될 수 있는지에 대한 질문이 완신에게는 필요가 없었던 것이다.

완신에게 '자신이 하고 있는 일이 무엇인지'에 대한 반성적 사유는 존재하지 않았다. 현실과 유리된 채 자신의 신념에 빠져 자신의 행동에 대한 반성이 없는 상태였다. 이런 인물을 우리는 역사 속에서도 찾아볼 수 있다. 제2차 세계대전 나치 장교였던 아돌프 아이히만(Adolf Eichmann)이 대표적이다. 유대인을 수용소로 이송하는 일을 맡았던 수송부서 책임자 아이히만은 1961년 이스라엘 정보기관인 모사드(Mossad)에 의해 체포되었다. 그 후 아이히만은 예루살렘에서 열린 전범 재판에서 자신이 한 일은 나치 법률에 의해 진행된 적법한 행동이었다며 자신을 변호했다. 그는 "나의 유죄는 복종에서 나왔으며, 복종은 미덕이다"라며 주장했다. 그는 당당했다. 이 재판을 지켜본 유대인 철학자 한나 아렌트(Hannah Arendt)는 아이히만의 '무사유(無思惟)의 근면함'이 그를 시대의 범죄자로 만들었다고 평가했다. 완신의 행동 또한 아이히만이 보여 준 무사유의 근면함에 기인한 것으로 볼 수 있다.

『개구리』의 시대적 배경은 '한 자녀 정책'이 엄격하게 시행된 1980~1990년대이다. 소설 속에서 아이를 낳으려다 세 명의 여성이 목숨을 잃는다. 그 여성들은 이미 딸이 있는 상태에서 아들을 낳기 위해 임신을 한 것이었다. 엄격한 산아 제한 정책이 실시되던 시기에 왜 그들은 또 임신을 한 것일까? 이에 대하여 단지 남아 선호 사상이 뿌리 깊어서라고 답하는 것은 불충분할 뿐만 아니라 부정확하다. 1980년대 중국 정부가 집단 생산 체제를 해체하고 시장화를 추진함에 따라 농촌에서 자녀의 수는 '소득'과 직결된 경제적 문제로 부상하였다. 그 결과 노동력과 노후 봉양을 위해서는 자녀 수의 제한 속에서 남자 아이의 성별 가치가 자연스럽게 급상승하였다.[13] 그들은 미래의 생존 전제 조건으로서 아들이 필요했던 것이다. 결국 중국 정부는 1988년 첫째가 딸일 경우 둘째 출산을 허용하는 정책을 발표했다. 성별을 출산 허용의 기준으로 제시한 것이다.

2015년 중국 정부는 30년 넘게 지속된 한 자녀 정책을 폐기했다. 그러나 과거 지속되었던 산아 제한 정책의 결과는 현재 중국 사회에 성비 불균형이라는 해결해야 할 '큰 과제'를 남겼다. 2007년 기준으로 20세 이하 남성은 여성보다 2,000만 명 많으며, 매년 남성이 여성보다 100만 명 더 태어났다. 또한 2012년 15세 이하 청소년의 경우 여자보다 남자가 1,800만 명 더 많으며, 정부의 조사에 의하면 중국 전체 인구에서는 남성이 여성보다 4,000만 명 더 많다.[14] 또한 중국 정부의 예측에 의하면 2020년에는 약 3,000만 명의 결혼 적령기 남성들이 배우자를 구할 수 없게 될 것이라고 한다.[15]

지난 10여 년 동안 중국 전체 인구에서의 성별 격차는 조금씩 낮아지고 있는 추

1982년	108.5
2000년	116.9
2005년	118.6
2008년	120.6
2010년	117.9
2014년	115.9

그림 1-14. 중국의 남녀 출생 성비
(중국 국가통계국, 2015)

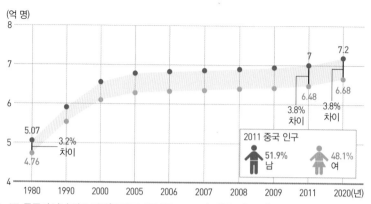

(억 명)

8
7.2
7
7
6.48   6.68
6
5.07   3.2%
차이
5   4.76
3.8%
차이
3.8%
차이

2011 중국 인구
51.9%
남   48.1%
여

4
1980 1990 2000 2005 2006 2007 2008 2009 2011 2020(년)

그림 1-15. 중국의 남녀 인구 격차(중국 국가통계국, 2011년 이후는 추정치)

세이기는 하다. 그러나 출산 순위별 성비를 살펴보면 심각한 문제가 아직 남아 있음을 알 수 있다. 출산 순위 둘째 이상의 경우 도시 지역은 138, 촌락 지역의 경우는 146으로 증가한다. 또한 가장 높은 성비를 보여 주는 안후이성의 경우 출산 순위 둘째 이상의 경우 성비가 190이며, 상하이 같은 경우도 175 정도[16]로 나타나 지역에 따라 성비가 큰 차이를 보이고 있다. 과거 한국도 출산 순위가 높아질수록 성비가 비정상적으로 높았다. 2004년 전체 아이의 출생 성비가 108로 정상 범위보다 약간 높은 수준이었으나, 출산 순위별로 살펴보면 첫째 아이는 105.1, 둘째 아이는 106.2, 셋째 아이 이상은 133으로 아주 높게 나타났다. 그러나 사회 인식의 변화로 2014년에는 셋째 아이 이상의 성비도 106.7로 크게 감소해 정상 수준으로 회복되었다.

중국에서 여아의 비율이 급격하게 줄어든 데에는 뿌리 깊은 남아 선호 사상과 영아 살해 및 학대 등 다양한 이유가 있지만, 가장 큰 이유는 성 감별에 의한 낙태이다. 독일 작가 카롤린 필립스(Carolin Philipps)의 소설 『황허에 떨어진 꽃잎(Weisse blueten im gelben fluss)』은 중국의 '1가구 1자녀 정책'으로 희생된 여자 아이들을 다루었다. "어머니는 갓 태어난 딸아이를 비닐봉지에 넣어 외국인에

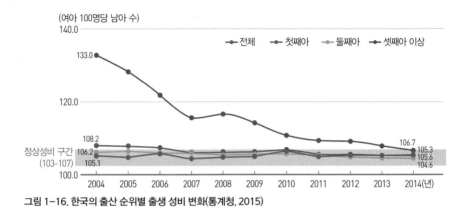

(여아 100명당 남아 수)

정상성비 구간
(103-107)

그림 1-16. 한국의 출산 순위별 출생 성비 변화(통계청, 2015)

게 건넸다. 그전에 낳은 딸아이도 강물에 띄웠었다."라는 소설 속 묘사를 통해 남자 아이를 출산하기 위한 여아 살해와 유기, 낙태 문제를 드러내고 있다. 1998년 노벨 경제학상 수상자인 아마르티아 센(Amartya Sen)은 "중국, 인도 등에서 남아 선호로 1년에 1억 명의 여아들이 낙태 및 살인 등 젠더사이드(gendercide)를 당하고 있다"고 주장했다.[17] 젠더사이드란 여성, 또는 남성의 특정 성별자에 대한 조직적인 살해를 뜻하는 신조어로, 철학자이자 페미니스트인 메리 앤 워런(Mary Anne Warren)이 만든 용어이다. 젠더사이드는 중립적인 표현으로 사용되나, 여성주의자는 주로 여성에 대한 살해라는 의미로 사용하고 있다.

비극적 현실을 보여 주는 그림 형제의 동화

「헨젤과 그레텔(Hänsel und Gretel)」은 독일에서 전해 내려오는 민담들을 수집한 『어린이와 가정을 위한 이야기』에 수록된 이야기이다. 『어린이와 가정을 위한 이야기』를 엮은이는 야콥 그림(Jacob Grimm)과 빌헬름 그림(Wilhelm,

Grimm)으로 이 둘은 형제이기에 일명 '그림 형제'라고 한다. 그림 형제는 유럽 지역에 전해 내려오는 이야기들을 통해서 인간적인 심성의 기원이 무엇인지를 밝히고자 노력했다.

「헨젤과 그레텔」은 중세 유럽 지역에서 퍼져 있던 민담을 기반으로 하고 있다. 두 주인공 헨젤과 그레텔은 가난한 나무꾼의 아이들이다. 궁핍한 생활에 힘들어하던 계모와 계모의 강요에 못 이긴 아버지에 의해 숲속에 버려진다. 중세 유럽에서는 만성적인 식량 부족과 기근으로 많은 사람들이 힘들어 했다. 이런 이유로 당시 유럽에서 아이 살해가 공공연하게 행해졌다. 헨젤과 그레텔이 부모에게 버림받는 것은 상상 속 이야기가 아닌 현실이었다. 초판에서는 친어머니가 남매를 숲속에 버리는 것으로 나왔는데, 이후 계모로 수정되었다고 한다. 이처럼 「헨젤과 그레텔」 속에는 중세 유럽의 슬픈 현실이 반영되어 있었다.

아이 살해와 관련해서는 1750년에서 1830년 사이 독일 문학사를 자세히 들여다보면 확인할 수 있다. 당시 문학작품에는 아이 살해범의 모티브가 광범위하게 이용되었는데, 유명 작가는 거의 모두가 이 소재에 한 번쯤 손을 댔다고 말할 수 있을 정도다. 더욱 흥미로운 것은 아이를 살해하는 반인륜적인 범죄의 주인공 대부분이 정숙하고 도덕적이며 젊은 시민계급의 아름다운 여성으로 그려졌다는 사실이다.[18]

한 예로 독일 작가 하인리히 레오폴트 바그너(Heinrich Leopold Wagner)가 1776년 익명으로 발표한 『아이 살해범(Die Kindermörderin)』이 있다. 작품은 불행한 젊은 여성을 비극으로 몰고 가는 사회적, 심리적 상황을 구체적으로 보여 주고 있다. 내용은 시민적 명예와 안정을 중시하는 정육업 장인인 훔브레히트 가족을 덮친 비극으로, 그의 딸 이브헨이 아이 살해 혐의로 참수형을 받는다. 이 사건은 당시 커다란 사회 문제였던 아이 살해 범죄의 배경과 당시 여성의 비극적 현실을 직시하게 했다.

『아이 살해범』의 비극은 아주 사소한 것으로 시작한다. 시민적 명예를 중요시하는 홈브레히트는 자신의 딸인 이브헨을 외출하지 못하게 한다. 그러나 동네에서 축제가 열려 너무나도 외출하고 싶어 하는 딸을 어머니가 몰래 데리고 나간다. 이때 바람둥이 그뢰닝젝의 눈에 띄어 겁탈을 당한 후 이브헨은 임신을 하게 된다. 군인인 그뢰닝젝은 5개월 후 진급하면 결혼을 하러 돌아오겠다고 했지만 돌아오지 않았다.

여기서 이브헨은 강간이라는 폭력의 '피해자'임에도 불구하고 가해자를 저주하고 고발하는 것이 아니라, 오히려 가해자인 그뢰닝젝과 필사적으로 결혼을 하려 한다. 결국 이 이야기의 비극의 구조는 '사랑'을 둘러싼 것이라기보다는 여성의 '더럽혀진 명예와 회복'에 관한 것이다. 가해자와의 결혼만이 혼전 순결을 잃은 여

소설 속 인구

1992년 출간된 일본의 소설가 무라카미 하루키(村上春樹, Murakami Haruki)의 소설 「국경의 남쪽, 태양의 서쪽」은 1951년에 태어난 하지메라는 주인공의 1인칭 관점에서 진행되는 소설인데, 다음은 그 소설 중 일부이다.

대부분의 가정은 둘, 아니면 세 자녀를 두고 있었다. 그것이 내가 살았던 지역의 평균 자녀 수였다. 소년 시절부터 사춘기에 걸쳐서 알고 지내던 몇몇 친구들의 얼굴을 떠올려보아도 단 하나의 예외 없이, 마치 판에 박아 놓은 듯이 두 형제이거나, 아니면 세 형제 중의 한 사람이었다. … 하지만 내게는 형제란 단 한 명도 없었다. 나는 외동아이였다. 어린 시절의 나는 그 때문에 줄곧 열등감 같은 것을 느끼고 있었다. 나는 이 세상에서 말하자면 특수한 존재인 것이다. 다른 사람들이 당연하게 가지고 있던 것을, 나는 지니고 있지 않았던 것이다.

소설 속 등장인물인 하지메와 시마모토를 연결하는 공통점 중 한 가지가 당시에는 '특수'하게 여겨졌던 외동아이라는 점이 흥미롭다. 이처럼 현대 소설 속에도 '인구'와 관련된 내용이 중요한 요소로 자리 잡고 있는 경우가 많다.

성이 '사회적 낙인'을 피해갈 수 있는 유일한 길이었던 것이다.[19] 그 유일한 길이 끊어졌을 경우 아이 살해라는 파국으로 치닫는다.

4. 아이 갖기를 고민하고 주저하는 사회

급격하게 변화한 출산율

우리나라의 인구는 광복 이후 급격하게 변화하였다. 일제 강점기에 강제 징용과 징병 및 유학 등으로 외국으로 빠져나갔던 사람들이 광복을 맞아 일시에 귀국하면서 도시 지역을 중심으로 인구가 빠르게 증가하였다. 하지만 6.25 전쟁 시기에는 많은 사망자가 발생하기도 하였으나, 북한 동포의 월남으로 남한 인구가 급격히 증가하기도 하였으며, 전쟁 이후에는 베이비붐으로 출생률이 매우 높았다. 1960년대부터 산업화가 본격적으로 진행되면서 농촌의 인구가 도시로 이주하는 이촌 향도 현상이 발생하여 도시 인구의 비율이 크게 높아졌다.

1960년대 인구가 폭발적으로 증가하자, 정부는 가족계획을 실시하여 적극적인 산아 제한 정책을 추진했다. 그 결과 우리나라의 출산율은 1960년대 이후 꾸준히 감소하였다. 그리고 현재 출산율은 인구 대체 수준인 2.1명보다 훨씬 못 미치는 수준까지 떨어져 세계 최저 수준을 보이고 있다. 이와 같은 추세가 지속될 경우 향후 십수년 후에는 인구가 감소할 것으로 예상된다. 그렇다면 왜 현대 사회의 사

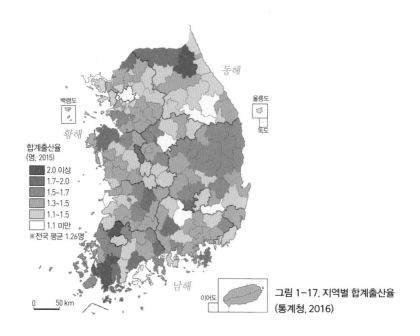

그림 1-17. 지역별 합계출산율
(통계청, 2016)

합계출산율
(명, 2015)
2.0 이상
1.7~2.0
1.5~1.7
1.3~1.5
1.1~1.5
1.1 미만
※전국 평균 1.26명

0   50 km

람들은 경제가 성장하고 소득 수준이 향상되었음에도 불구하고 아이를 낳지 않는 것일까?

새로운 가치관의 등장

10여 년 전까지만 해도 젊은 남자와 여자가 만나 결혼을 하면 당연히 자식을 낳고 부모가 될 것으로 생각하였다. '결혼 = 출산'이라는 등식이 보편적이었던 것이다. 과거 가부장적 가족체계에서는 출산하는 '주체'인 여성에게 낳을 권리와 낳지 않을 권리를 선택할 자유가 존재하지 않았다. 성생활과 생식을 분리시킴으로써 출산이 의무였던 여성에게 해방을 가져다준 피임이라는 커다란 혁명도 한국 여성에게는 자율적인 출산 선택권이라기보다는 국가에 의한 출산 조절 수단으로 작동[20]했다고 볼 수 있다. 또한 1970년대에 단산 수술을 하는 대가로 아파트 입주권을 우선 배정해 주던 정책이 오늘날에는 출산의 대가로 현금이나 혜택을 제공하는 출산 장려 정책으로 역전되었지만, 이는 과거 권위주의적 정부에서 보여 준 출산하는 여성(부부)에 대한 '도구주의적 사고(instrumental conception)'가 현재에도 이어지고 있음을 보여 준다. 단지 타이틀이 '출산 억제'에서 '출산 장려'로 바뀌었을 뿐이다.

현재 우리 사회의 많은 사람들이 결혼과 출산을 삶의 양식 중 중요한 요소로 인식하고 있다. 따라서 결혼을 할지 말지, 아이를 낳을지 말지, 아이를 낳을 경우 몇 명을 낳을지 등의 선택은 과거와 같이 한 집안의 문제가 아닌, 지극히 개인적인 문제로 인식한다. 그런데 '개인'의 관점에서는 아무런 문제될 것이 없는 출산이란 영역이 '국가' 전체적으로 볼 때는 아주 큰 문제가 되고 있다. 한국의 출산율이 인구 대체 수준으로 떨어진 것은 1983년의 일이다. 그리고 저출산을 국가가 개입해서 해결해야 할 사회 문제로 인식하게 된 것은 20여 년이 지난 2000년대에 들어서이다. 2005년 합계출산율이 1.07명으로 세계 최저 수준으로 떨어지고 인구 구조의 고령화와 생산 노동력 부족 현상이 확대될 것으로 예상되면서 비로소 국가적인 문제로 인식하기 시작한 것이다.

출산 장려정책이 고령화 사회에서 발생할 문제를 해결할 수 있는 수단으로 인식되면서 국가 정책의 우선순위에 놓이게 된다. 그러나 이번에도 출산하는 주체인 여성의 출산 선택권에 대한 고려는 보이지 않는다. 국가 정책의 방향만이 무작정 출산 장려 쪽으로 돌려 무게 중심을 옮긴 것 뿐이다. 즉 지속적으로 변화해 온 저출산의 원인 진단은 사라지고 고령화 사회의 국가 경쟁력 유지라는 발전주의적이고 성장주의적인 국가주의가 강력히 발동하면서 출산 장려 정책이 지배적인 담론으로 형성되기 시작한 것이다.[21] 이후 정부에서는 출산을 장려하기 위한 경제적 지원 정책을 쏟아 내고 있다.

그런데 과연 경제적 지원 정책을 실시한다고 출산율이 획기적으로 높아질까? 표 1-1을 통해 알 수 있듯이, 2006년부터 2015년까지 저출산·고령화 기본계획에 의한 예산 지출 금액은 약 260조 원이다. 그러나 해당 기간 출산율이 예산 투입

표 1-1. 정부의 저출산·고령화 대책의 소요 예산

제1차 기본계획(2006~2010) 재원 투입 규모

주: 지방비 포함. 단위: 조 원

구분	총계	계	2006	2007	2008	2009	2010
총계	152.1	42.2	4.5	5.9	8.4	11	12.4
저출산	80.2	19.7	2.1	3.1	3.8	4.8	5.9
고령화	56.7	15.9	1.3	1.6	3.2	4.7	5.1
성장 동력	15.3	6.7	1.1	1.3	1.4	1.5	1.4

제2차 기본계획(2011~2015) 재원 투입 규모

주: 지방비 포함, 2006~2013년은 실집행액, 2015년은 예산액 기준. 단위: 조 원

구분	계	2011	2012	2013	2014	2015
총계	109.9	14.1	18.9	21.5	25.5	29.6
저출산	60.5	7.4	11.0	13.5	13.9	14.7
고령화	40.8	5.5	6.4	6.3	9.7	12.9
성장 동력	8.6	1.5	1.5	1.7	1.9	2.0

제3차 기본계획(2016~2020) 연차별 재정 계획

주: 2015년 예산 규모는 제3차 기본계획(2016~2020) 사업 기준으로 선정. 단위: 억 원

2016~2020년 소요 예산액

구분	2015(A)	2016	2017	2018	2019	2020(B)	(B-A)
계	325,716	345,345	373,662	384,804	425,722	445,479	119,763 (5.3% ↑)
저출산 분야	192,932	204,633	217,224	218,438	220,011	223,837	30,905 (2.7% ↑)
고령사회 분야	132,784	140,712	156,438	166,365	205,710	221,642	88,858 (8.0% ↑)

출처: 대한민국정부, 2015

에 맞먹을 정도로 상승하지는 않았다. 이는 현재의 저출산 또는 비출산의 문제가 단순히 경제적인 차원뿐만 아니라 전통적인 결혼관 및 자녀관 등 사람들의 가치관 변화와 가부장적 가족 체제의 변화와 같은 사회 현상과 관련이 있음을 보여 주고 있다.

낮은 출산율의 근본적 원인 주택 문제

우리나라 가옥 구조의 유형을 살펴보면, 과거에는 한옥과 초가집이 대부분이었다. 그러나 1960년대 이후 목재 공급이 힘들어지면서 양옥이 확산되기 시작했다. 양옥은 시멘트 블록과 시멘트 기와를 올린 집이다. (유년 시절 부잣집처럼 보였던 양옥집에 살고 싶어 했습니다.) 이후 1970년대 중반부터 아파트가 빠르게 확산되었는데, 서울의 급격한 인구 증가가 그 원인이다. 1960년대부터 1980년대 서울의 인구 증가는 대단했다. 1955년 157만 명이었던 서울의 인구는 1960년 244만 명, 1970년 543만 명, 1980년 836만 명으로 급증했다. 이로 인해 서울을 포함한 수도권의 인구는 1960년부터 2015년까지 약 4배 이상 증가했다.

오늘날과 같이 아파트가 급격히 늘어난 데는 아파트가 집단 거주가 가능한 주택이라는 특징도 작용했지만 정부의 적극적인 정책적 지원이 있었기에 가능했다. 정부는 부족한 주택 건설을 위해 주택 건설 10개년 계획(1972~1981)을 수립하고 법률에 따라 「주택건설촉진법」[22]을 제정·공포한다. 일명 '주촉법'이라고 하는 법률의 시작이다. 주촉법은 1970년 당시 전국 기준 78.2%와 서울 기준 50%에 불과하던 주택 보급률을 높이기 위해 특별법 형태로 제정되었다. 20가구 이상의 집단 주거지를 건설할 때 필요한 도로, 수도 및 가스 등의 기반시설을 설치하는 데 정부가 도움을 주었을 뿐만 아니라, 각종 인허가 규정도 간소화시켰다. 또

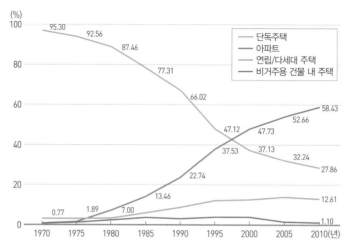

그림 1-18. 전국의 유형별 주택 수 현황(전봉희·권용찬, 2012)

그림 1-19. 한강 주변 아파트 단지

한 주택복권 사업을 실시해 국민주택기금을 조성했다. 이를 이용해 내 집 마련을 원하는 많은 서민들에게 주택 자금을 공급했다. 또한 1976년 주택 공급을 획기적으로 증가시키기 위해 '아파트지구'를 신설한다. 아파트지구는 아파트 개발에 적합하다고 판단되는 도시의 일정 지역을 지정하여 아파트 건설 이외의 건축 행위를 금지시키는 것이었는데 1976년 8월 처음으로 11개의 아파트지구가 지정되었다. 이때 영동지구(과거 강남구와 서초구 일대를 가리키는 용어)는 지역 전체 면적의 1/4에 달하는 무려 235만 평이 아파트지구로 지정되었으며 주로 한강변 저습지를 따라 지정되었다. 오늘날 고층의 아파트 숲으로 이루어진 강남 일대의 경관은 바로 이 시기 이후 형성된 것이다. 그리고 이후 아파트 단지의 확산은 전국적인 현상이 되었다.

그렇다면 아파트 확산이 출산율과 어떤 관련이 있을까? 사실 아파트 자체보다는 아파트로 대표되는 주택 가격과 연관이 있다. 현대경제연구원의 설문조사[23]에 따르면 주택을 구입하지 않는 주된 이유 중 한 가지가 경제적 부담이며, 이삼십대 같은 젊은 층에게 좀 더 큰 부담으로 작용하는 것으로 나타났다. 이는 결혼으로 새로운 인생을 시작하는 젊은 부부들에게 주택문제가 가장 중요한 부분이라는 것을 의미한다. 이런 이유로 해가 갈수록 맞벌이 부부[24]가 증가하는 것이며, 여성의 직장생활과 양육의 이중고는 결국 '출산 파업'[25] 및 '출산 기피'로 이어지는 것이다. 결혼 비용의 상당 부분을 차지하는 주택 가격이 과도하게 상승할 경우 결혼시장 참여 비용이 높아지므로 주택 가격의 안정은 매우 중요한 과제이다. 따라서 주택문제를 해결하는 것은 결국 저출산의 고리를 끊는 지름길일 것이다.

주택문제를 해결하려면 주택 가격의 안정과 함께 실수요자들의 주택 구입 능력 확충을 위한 맞춤형 대책 마련이 필요하다. 저소득층의 경우 불안정한 비정규직이 아닌 양질의 안정적인 일자리 창출이 필요하며, 고용 안정성을 높이고 실업률을 낮추는 정책이 필요하다. 비정규직 일자리로는 자신의 미래 소득에 대한 예상이 불가능해 자신의 아들과 딸을 위한 미래 설계가 힘들 것이다. 이삼십 대의 경우, 소득 향상과 더불어 청년 신혼부부를 위한 주택 공급을 확대해서 가정 경제에서 차지하는 주택 구입 비용을 최대한 감소시켜야 한다. 또한 보다 근본적인 대책

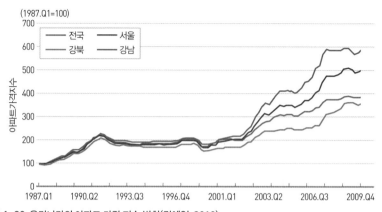

(1987.Q1=100)

그림 1-20. 우리나라의 아파트 가격 지수 변화(김혜인, 2010)
주: 아파트 각격지수는 1987년 1분기를 100으로 했을 때의 값임.

으로 선진국에 비해 지나치게 거품이 많이 낀 주택 가격을 바로잡을 수 있는 정책이 필요하다.

'여성'이 없는 여성 정책

저출산의 강력한 원인 중 하나로 주택문제뿐만 아니라 우리 사회의 전통적 가족주의, 즉 남성 중심의 가부장적 가족주의를 들 수 있다. 1960년대 이후 여성의 교육 수준이 향상되고 여성에게 고용의 기회가 열리면서 제도적 측면에서 개인의 노동 시장 진입의 성평등 수준은 높아졌다. 하지만 가족 내 성역할 분업 측면에서의 성평등 수준은 그에 걸맞게 향상되지 못했다. 이러한 불일치가 저출산 현상을 심화시키는 원인으로 작용한다. 여성 개인에게 가정과 직장에서의 이중 노동 및 돌봄 노동 등 역할이 과도하게 부여되어 있다. 이에 대한 부담으로 여성들이 자녀 낳기를 거부하는 것이다. 결과적으로 최근 두드러진 여성들의 비혼 및 비출산, 저출산은 여성 개인의 주체적이며 합리적인 선택이라기보다는 오히려 가정과 직장이라는 두 공간에서 자신의 역할을 양립시키기 위해 어쩔 수 없이 선택한 결과라고 볼 수 있다.

또한 정보화 시대에 빠르게 변화하는 개인의 가치관과 포스트모더니즘으로 대표되는 개인화를 저출산과 연관시키기도 한다. 혈연 중심의 가족관 그리고 결혼을 하면 아이를 낳는 것이 당연시되던 전통적 가치관이 개인의 욕구와 다양성을 중시하는 가치관으로 변하면서 저출산 현상이 발생했다고 볼 수 있다.

그러나 무엇보다 중요한 저출산의 원인은 출산하는 주체인 여성에 대한 배려가 없는 '여성이 없는 여성 정책'에 그 원인이 있다고 볼 수 있다. 따라서 현재 우리에게 발생하고 있는 '저출산'이라는 현상을 좀 더 세밀하게 살피기 위해서는 젠더적 관점에서 성과 몸에 대한 여성의 자기 결정권을 중심으로 살펴봐야 한다.

고단한 여성의 삶

TV 드라마 〈미생〉의 원작자 윤태호와 드라마 작가 정윤정은 2015년 성평등 디딤돌상을 수상했다. 성평등 디딤돌상은 한국여성단체연합이 세계 여성의 날을 맞아 여성문제를 여론화해 여성운동 발전에 공헌한 단체 또는 개인에게 수여하는 상이다. 2014년 방영된 〈미생〉은 드라마로서의 인기뿐만 아니라, 우리 사회 여러 부분에 큰 반향을 일으켰다. 동명의 만화를 원작으로 한 드라마 〈미생〉은 열한 살에 한국기원 연구생으로 들어가 오직 프로바둑기사만을 목표로 인생을 살던 청년 '장그래'가 프로 입문에 실패한 후 원인터내셔널이라는 종합상사에 신입 사원으로 들어가 적응해 나가는 과정을 그리고 있다. '미생(未生)'은 바둑에서 사용하는 용어이다. 바둑에서는 두 집을 지으면 '완생(完生)'이라고 하며, '완생'을

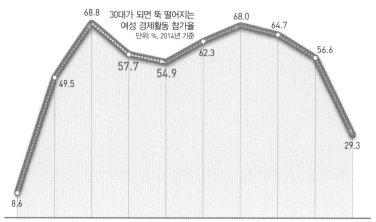

그림 1-21. 여성의 경제활동 참가율(통계청, 2014)

하기 전에는 모두 '미생'이라고 한다. 만화를 그린 윤태호 작가는 "모두가 열심히 일하지만 어느 누구도 자신의 '노동'에 의미를 부여하지 않는 현대의 직장생활에 문제의식을 느꼈다"라고 하면서 "월급과 승진만이 아닌 직장생활 자체에서도 의미를 찾을 수 있다는 걸 보여 주고 싶어 이 만화를 그리기 시작했다"라고 기획 의도를 밝혔다. 드라마 〈미생〉은 신자유주의의 노동 유연화 정책으로 인해 더욱 커지고 있는 우리 사회의 비정규직 문제와 고단한 현대 직장인의 일상, 그리고 직장과 육아를 병행하는 워킹맘들의 고통을 묘사했다.

  드라마 5회 방송분을 보면 고단한 워킹맘의 현실과 현대 사회를 살아가는 여성의 비애를 느낄 수 있다. 선 차장과 안영이는 임신 때문에 쓰러진 동료에 대해 남자 직원들이 비아냥거리는 것을 듣게 된다. "또 임신을 했대. 참 이기적이다." "또 휴직이야. 우리가 얼마나 편의를 봐줬는데." "진짜 여자들이 문제야. 기껏 교육시켜 놓으면 결혼에 임신에 남편에 애기에 핑계도 많아." "그게 다 여자들이 의리가 없어서 그래." 물론 모든 남성들이 이런 인식을 가지고 있는 것은 아니다. 그렇지만 이런 인식이 사회 전반에 독버섯처럼 퍼져 있는 것 또한 사실이다. 선 차장과 친구 사이인 오 과장은 자신의 아내도 아이 때문에 회사를 그만두었다며, 직장과 육아 문제로 힘들어하는 선 차장을 위로하며 안타까워한다. 여성이 이런 불합리한 상황을 참지 못하면 직장을 포기해야 하는 게 워킹맘의 현실인 것이다.

그림 1-21을 살펴보면 2014년 여성의 경제활동 참가율은 25~29세 때 68.8%로 최고 수준을 보이고 있다. 그러나 여성들이 30대에 진입하면 상황이 바뀐다. 30~34세는 57.7%, 35~39세는 54.9%로 경제활동 참가율이 급격히 떨어진다. 보통 20대 후반과 30대 초반은 여성이 출산과 육아를 경험하는 기간이다. 이 기간에 직장과 육아를 병행하기 힘든 사회구조에서 여성들은 자연스럽게 직장을 포기하는 '경단녀'(경력 단절 여성)의 길을 선택하는 것이다.

그림 1-22를 살펴보면 2016년 기혼 여성 약 927만 명 중 취업을 하지 않은 여성은 약 368만 명으로 39% 정도이다. 또한 15~54세 기혼 여성 중 결혼, 임신 및 출산, 육아 등의 사유로 직장(일)을 그만둔 경력 단절 여성이 약 190만 명으로 15~54세 기혼 여성 중 20%를 차지하고 있다. 또한 경력 단절 여성을 나이별로 살펴보면, 30~39세가 35.6%, 15~29세가 33.2%를 차지하고 있다.

그림 1-23을 보면 경력 단절 사유로는 결혼, 육아, 임신 및 출산 등의 순서로 나타나고 있다. 특히, 젊은 연령대에서 임신 및 출산, 육아로 인한 경력 단절이 더 큰

여성의 취업률과 출산율의 관계   읽을거리 ○

여성의 취업률과 출산율이 모두 높은 국가는 스칸디나비아에 위치한 국가들로 노르웨이, 스웨덴 등이며 이러한 패턴은 가족과 직장을 양립하게 해 주는 정부와 사회의 지원 정책 때문인 것으로 생각된다. 반대로 여성의 취업률과 출산율이 모두 낮은 국가들도 있는데, 남유럽과 지중해 연안에 위치한 나라들로 이탈리아, 스페인, 그리스 등이 있다. 이들 국가들은 가족을 지원하는 복지 정책이 발달되어 있지 않으며, 가족주의가 강하다는 공통점을 갖고 있다.

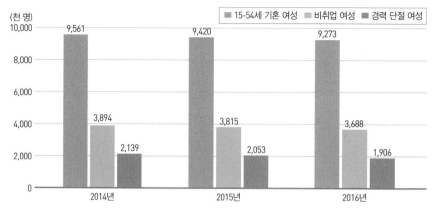

그림 1-22. 경력 단절 규모(통계청, 2016)

요인인 것으로 조사되었다. 최근의 힘든 경제 여건을 생각하면 맞벌이 부부도 경제적으로 어려운 상황이다. 그런데 이처럼 여성의 경력 단절이 많이 발생하는 현실은 가정의 경제 여건과 기업의 인력 수급 측면에서도 불행한 일이다. 또한 이런 불안정한 고용 구조에서 젊은이들은 자연스럽게 결혼과 출산을 미루거나 중단하며, 출산에 대해 고민할 수밖에 없게 된다.

그림 1-23. 경력 단절 사유(통계청, 2016)

한편, 고학력 여성 취업자들이 증가하고 있는 상황도 눈여겨볼 필요가 있다. 고학력의 여성일수록 상대적으로 경제활동을 통한 독립적인 삶의 가치를 추구하는 욕구가 강하며, 배우자를 선택할 때도 자신과 학력 및 직업이 비슷한 남성을 찾는 경향이 나타난다. 또한 남녀의 결혼과 출산에 대한 가치관에서도 차이가 나타나는데, 교육 수준과 미혼율의 상관관계를 통해 확인할 수 있다. 그림 1-24 여성과 남성의 학력별 미혼율을 살펴보면, 여성은 학력이 올라갈수록 미혼율이 증가하고 남성은 학력이 낮아질수록 미혼율이 증가하는 것으로 나타난다.

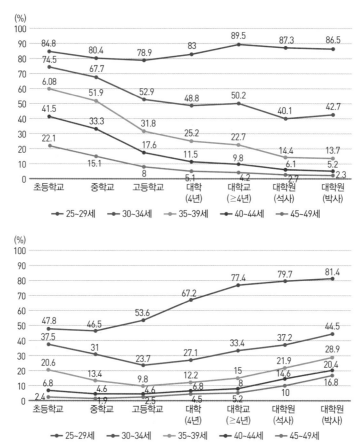

그림 1-24. 교육 정도별 남성(상)과 여성(하)의 미혼율(서울시, 2011)

경제 위기와 저출산

그림 1-25 1985년부터 2010년 인구주택총조사 자료를 보면, 1990년까지만 하더라도 남성의 학력별 혼인율에는 큰 차이가 없었다. 그러나 시간이 지날수록 학력 차에 따른 혼인율 차이가 커지고 있는데, 이는 학력 차가 경제력의 차이로 이어진 것에 따른 현상이라 볼 수 있다. 남성이 결혼하지 못하는 이유 중 하나가

바로 경제력이기 때문이다. 여성의 경우를 살펴보면 1995년까지 큰 차이가 없었지만 2000년에 이르면 완벽하게 역전된 U자형을 보여 준다. 1997년 겪은 IMF 외환위기 때문이다.

외환 위기 이후 남성은 학력이 높을수록 혼인율이 확연히 높아지는 반면, 여성은 고졸 학력의 혼인율이 가장 높으며 고학력자와 저학력자 모두에서 혼인율이 낮게 나타나고 있다. 이는 고학력 여성의 노동시장 활동은 증가했으나, 정책적 지원 미비와 우리 사회의 반여성 문화로 직장생활과 가정생활을 양립할 수 없는 고학력 여성이 혼인 시장에서 이탈하는 것으로 볼 수 있다.[26]

이처럼 외환 위기는 한국 사회의 저출산 현상에 부정적 역할을 미쳤다. 한국 경제가 유례없는 호황을 누린 시기인 1980~1990년대에 이미 저출산 현상이 시작되었지만, 이후 발생한 1997년과 2008년의 경제 위기는 저출산을 초저출산으로 심화시키는 결정적인 계기가 되었다.[27] 이후 우리 사회는 소수 개인의 풍요 속에서 다수 국민은 상대적 빈곤 속에 허덕이는 양극화 현상이 심화되었다. 앞에서도 언급했듯이 저출산을 해결하기 위한 경제적 해법을 마련할 때 개인의 소득 불평등을 심화시키는 경제 구조에 대한 해결책도 함께 살펴봐야 하는 것은 이런 이유 때문이다.

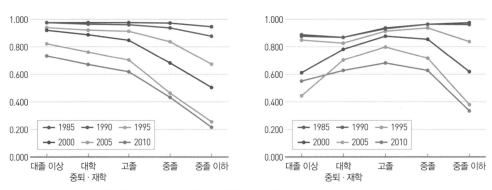

그림 1-25. 35~39세 남성(좌)과 30~34세 여성(우)의 학력별 혼인율(통계청)

저출산과 진화론의 관계

찰스 다윈(Charles Darwin)의 진화론과 저출산은 어떤 관련성이 있을까? 진화론을 연구하는 일부 학자들은 다음과 같은 질문을 한다. "왜 자원이 풍부한 현대 산업사회를 살아가는 사람들이 자발적으로 자녀의 수를 줄이는 것일까?" 현대 산업사회의 저출산 현상은 인간 심리와 행동을 진화적으로 이해하고자 하는 학자들에게도 풀기 어려운 문제이다.

진화적 관점에서 현대 사회의 저출산을 설명하는 가설에는 세 가지가 있다. 첫째, 현대의 극히 낮은 출산율은 수렵−채집 생활에 맞추어진 인간의 심리적 적응이 진화적으로 낯선 환경과 불협화음을 일으킴에 따른 부적응적인 부산물이라는 가설이다. 둘째, 사회적으로 성공한 사람들이 자녀를 적게 낳는 행동이 전파되거나, 가족 중심의 네트워크가 붕괴하여 출산의 중요성이 덜 강조됨에 따라 저출산이 야기되었다는 유전자−문화 공진화 가설이다. 마지막으로, 부모가 자녀에게 투자하는 비용이 많은 현대의 환경에서 극심한 저출산은 부모의 장기적인 적합도를 최대화하는 적응적인 형질이라는 가설이다.[28]

이 중에서 유전자−문화 공진화 가설을 좀 더 자세히 살펴보자. 발달된 문화를 이룩한 인간 개체의 모든 형질이 반드시 유전적 이득을 높이는 데 기여하리라고 기대할 수는 없다. 어떤 형질이 유전적 적합도를 감소시킬지라도, 그 형질이 '모방' 같은 문화적 학습에 의해 다른 사람들에게 널리 퍼질 수 있다면 이 형질은 유전적 진화와 문화적 진화의 합작품으로서 개체군 내에 유지될 수 있다는 것이다. 인간이 타인의 지식, 믿음, 가치, 관습, 행동 양식 등을 사회적으로 학습하게끔 하는 심리 기제들 가운데 '성공과 위신 편향'(success and prestige bias)이 있다. 한 개인을 둘러싼 주변 여러 사람들 가운데 누구의 행동을 모방할지 판단해야 할 때가 있다. 우리가 의존하는 심리적 편향 가운데 하나는 높은 사회적 성공을 거둔 사람을 선택해서 그 사람의 행동을 모방하게 만드는 것이다. 예를 들어, 아이가 없거나 적은 사람이 직장에서 큰 성공을 거둔 경우, 다른 사람들에게 일종의 역할 모델로 받아들여지는 경향이 있다. 사회적으로 성공한 이런 사람들이 행하는 수많은 행동들이 무차별적으로 타인들에게 전파되는 과정에서 출산율이 낮아지는 것이다. 또한 현대 사회에서는 혈연 간 상호작용이 감소하고 있다. 대가족을 토대로 한 과거의 전통적인 사회에서는 피를 나눈 가족, 친척 간 사회적 상호작용이 활발했기 때문에 어느 한 부부가 자식을 많이 낳게끔 독려하고 때로는 강제하는 사회적 압력이 강하게 작용했다. 그러나 혈연 관계가 아닌, 친구나 직장 동료와의 상호작용이 주를 이루는 현대 산업사회에서는 자신과 유전자를 공유하는 주위의 혈연들로부터 출산하라는 압력이나 지원이 감소하는 것이다. 이와 같이 저출산이라는 사회적 현상이 문화적으로 전파되어 일종의 '유행'으로 퍼진다는 유전자-문화 공진화 가설의 관점은 현재 많은 학자들에게도 받아들여지고 있다.[29]

앞에서 설명한 유전자-문화 공진화 가설을 지역 공동체 단위에 적용하여 분석할 경우 또 다른 시사점을 발견할 수 있다. 1966년 광역 행정구역 간 합계출산율을 비교해 보면 서울이 4.6명으로 가장 낮지만 전라북도는 7.9명으로 가장 높아 두 지역의 차이가 무려 3.3명이었다. 그러나 2012년에는 가장 낮은 서울이 1.0명, 가장 높은 전남이 1.6명으로 나타나 그 격차가 미미해졌다. 이러한 경향은 도시와 농촌 간에도 나타난다. 1980년 이후 도시와 농촌 간 기혼 여성의 출산력을 살펴보면 농촌이 도시보다 높았으나, 양자 간 격차가 지속적으로 감소하였다.

이는 도시 지역에 거주하는 기혼 여성의 출산 스타일이 유행처럼 농촌 지역 기혼 여성들에게 확산되고 있는 것으로 해석할 수 있다. 즉, 적은 수의 자녀를 가진 핵가족의 이점에 대한 인식이 시간적 격차를 두고 서울에서 그 외 다른 지역으로, 도시에서 농촌으로 확산되고 있는 것이다. 따라서 저출산의 원인을 중립적으로 규명하고 대책을 마련하기 위해서는 공간적 차원의 지리학적 접근이 필요하다.

출산 수준을 우리가 생활하는 근린 단위(unit of neighborhood)로 나누어 시계열적으로 분석함으로써 저출산의 지리적 확산 과정을 면밀히 살펴볼 필요가 있다. 소자녀의 이점에 대한 인식이 어떠한 방식으로 공간상에서 차등적으로 확산되었는지, 어떠한 장소성을 가진 지역이 저출산의 핵심지역으로 등장하는지 등을 밝혀야 하는 것이다. 이에 따라 출산 장려를 위한 대책도 지역의 특성을 고려하여 지역 맞춤형으로 시행되어야 할 필요성이 있다.

그다음으로 저출산 현상이 자녀의 경쟁력 확보를 위해 부모에게 많은 투자 비용을 요구하는 현대 환경에 적응한 것이라는 가설을 살펴보자. 많은 진화생태학자들은 자식에게 투입되는 1인당 투자 비용이 매우 높은 현대 사회에서의 낮은 출산율은 부모에게 장기적인 적합도를 최대화하는 적응적 형질이라고 본다. 이러한 관점은 19세기 유럽에서 이미 시작된 인구학적 변화, 즉 공장에서의 아동노동이 공식적으로 금지되어 부모가 미성년 자녀로부터 얻는 경제적 이득이 갑자기 없어졌고, 새로 시작된 경쟁적인 시장 경제체제에서 자녀의 취업을 위한 교육 기간이 더 길어짐에 따라 부모의 부담이 커졌다는 두 가지 사건과 맞물려 있다.[30]

이를 현대 우리 사회 상황에 적용해 보자. 지난 20년간 우리나라 가계의 월평균 사교육비 지출액은 계속 증가해 왔다. 그림 1-26을 보면 도시 지역 가구의 월평균 경상소득액은 1990년 902,634원에서 1997년 2,158,394원, 2000년 2,245,302원 이후 현재까지 지속적으로 증가하고 있다. 그러나 경상소득 대비 정규교육비의 비중은 대체로 감소하고 있고, 경상소득 대비 사교육비의 비중은 1990년 2.0%부터 2008년 5.2%까지 꾸준히 증가하였다. 결국 각 가정에서 자녀에게 투입되는 공교육의 비중은 작아지고, 부모의 경제력에 크게 좌우되는 사교육비의 비중이 늘어나고 있는 것이 현실이다. 이는 거의 모든 부모에게 경제적 부담으로 작용해 자녀를 한두 명만 낳게 하는 저출산 현상으로 이어질 수 있음을 보여 준다.

부모가 자녀 한 명에게 투자하는 비용의 증가 메커니즘은 부모의 경제적 수준

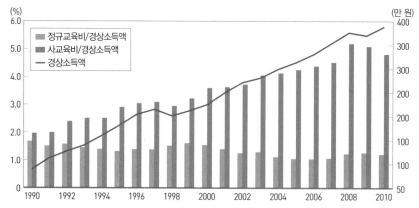

그림 1-26. 경상소득 대비 정규교육비 및 사교육비 추이(김양분 외, 2012)

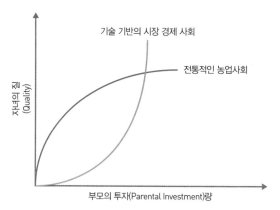

그림 1-27. 부모의 투자에 따른 자식의 질과의 관계(전중환, 2012)

에 따른 출산율의 차이를 좀 더 자세히 들여다보기 위해 꼭 필요하다. 그림 1–27
을 살펴보면, 과거 전통적인 사회에서는 부모의 투자량과 자녀의 질(건강 상태,
생존 가능성, 학습 능력, 직업의 유무, 사회적 지위 등) 사이의 관계가 비교적 약
한 양(+)의 상관관계를 나타냈다. 이런 상황에서 부모는 자녀의 수를 줄여 자녀 1
인당 투자 비용을 증가시키기보다는 자녀 수를 늘려 자녀 1인당 투자 비용을 감
소하는 전략을 취하게 된다. 그러나 현대 사회에서는 전쟁이나 기근, 전염병 같

은 환경적 불확실성이 상당히 감소하여 부모의 투자 비용과 자녀의 질과의 상관 관계가 변화하였다. 즉 초기 투자 비용에 의한 자녀의 질의 증가는 적지만 투자가 누적될수록 자녀의 질은 급격히 상승하는 것이다. 결국 부모가 자녀 한 명에게 투자하는 비용은 자녀의 질을 증가시킬 때 그 한계 효용이 계속 체증하게 되는 것이다. 기술에 기반한 임금 경제는 과거에 비해 사회 구성원들이 평균적으로 얻는 부를 증대시켰지만, 한편으로는 부모의 투자와 자녀의 질 사이에 '한계 효용 체증의 법칙(law of increasing returns)'이 성립되어 부모들로 하여금 자녀의 수를 늘리는 것보다 한두 명의 자녀에게 많은 투자를 하는 전략을 취하게 했다고 볼 수 있는 것이다.

그런데, 인구가 감소하면 경제가 나빠질까?

　많은 연구자들은 저출산과 고령화 현상 심화가 공공 재정과 생활 수준에 좋지 않은 영향을 미칠 것으로 예상하고 있다. 최근 40개 국가에 대한 새로운 국민이전계정(National Transfer Accounts) 자료를 분석한 결과 대체출산율보다 높은 출산율이 정부 예산에 가장 유리한 것으로 나타났다. 그러나 저출산 현상이 노동자와 납세자의 수에 미치는 부정적 영향은 인적 자본 투자 증가로 상쇄되어 노동자의 생산성을 높였다. 또한 1.6명의 낮은 수준의 합계출산율과 그보다 더 낮은 출산율 그 자체만으로는 문제가 발생하지 않는다. 그러나 현실적으로 저출산 현상은 정부의 정책에 많은 어려움을 주며, 아주 낮은 출산율은 국민의 생활수준을 떨어뜨릴 수도 있다. 하지만 중간 정도의 저출산과 인구 감소가 더 높은 수준의 물질적 삶에 유리한 것으로 나타났다.[31]
　그림 1-28을 보면 인구 증가율과 소비 수준의 관계가 단순하지 않다는 것을 알

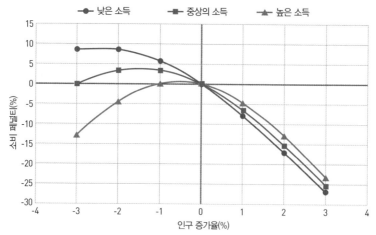

그림 1-28. 인구 증가율 '0'을 기준으로 성인 1인당 소비량에 인구 증가가 미치는 영향(Ronald Lee · Andrew Mason, 2014)

주: • 낮은 소득에 해당하는 국가 – 캄보디아, 에티오피아, 가나, 인도, 인도네시아, 케냐, 모잠비크, 나이지리아, 필리핀, 세네갈, 베트남
 • 중상의 소득에 해당하는 국가 – 아르헨티나, 브라질, 중국, 콜롬비아, 코스타리카, 헝가리, 자메이카, 멕시코, 페루, 남아프리카공화국, 타이, 터키
 • 높은 소득에 해당하는 국가 – 오스트리아, 프랑스, 오스트레일리아, 캐나다, 칠레, 핀란드, 독일, 이탈리아, 일본, 슬로베니아, 대한민국, 스페인, 스웨덴, 타이완, 영국, 미국, 우루과이

수 있다. 우리나라가 포함되어 있는 높은 소득의 국가들의 경우, 인구 증가율이 높아질수록 소비 페널티가 음의 값을 보이지만, 인구 증가율이 −1~−3% 정도 수준에서도 소비 페널티가 음의 값을 나타내고 있다. 이는 인구 증가율이 마이너스라 하더라도 소비에 미치는 부정적인 영향은 오히려 감소하고 있음을 알 수 있다. 또한 그 수준도 국가의 경제 수준에 따라 다르게 나타나고 있어 일률적으로 모든 국가에서 인구 증가율이 감소한다고 경제에 부정적인 영향을 미칠 것으로 판단하기는 어렵다는 것을 알 수 있다.

5. 가족 구조의 빠른 변화

늘어나는 1인 가구

우리 사회는 산업화 및 정보화 사회로 급변하고 있다. 그로 인해 개인주의 확대, 고령화에 따른 노인 증가, 만혼 현상, 이혼율 증대, 저출산 등이 복합적으로 작용하여 가족 구조와 기능이 빠른 속도로 변화하고 있다. 대표적으로 초혼 연령은 2000년 남성이 29.3세, 여성이 26.5세였던 것이, 2015년에는 남성이 32.6세, 여성이 30세로 높아졌다. 맞벌이 가구 또한 증가하여, 2017년 44.6%가 되었다.

가구 유형에서 가장 큰 변화는 1인 가구의 증가와 핵가족의 가족 규모 축소이다. 그림 1-29를 보면 1990년에는 부부 또는 부부와 미혼자녀로 구성된 핵가족은 68%, 부부와 미혼자녀 그리고 부모 등 3세대 이상이 함께 사는 확대가족은 12.5%, 혼자 사는 1인 가구는 9%에 지나지 않았다. 그러나 2010년 핵가족의 비중은 61.6%, 확대가족은 6.2%로 줄어든 반면, 1인 가구는 23.9%로 크게 늘어났다.

그림 1-30을 살펴보면 2인 및 3인 가구는 꾸준히 증가하는 반면, 4인 가구의

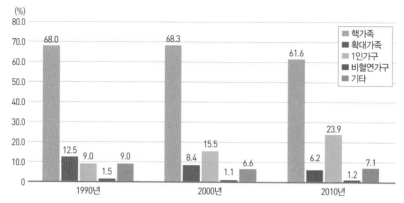

그림 1-29. 1990~2010년 가구 유형의 변화(통계청)

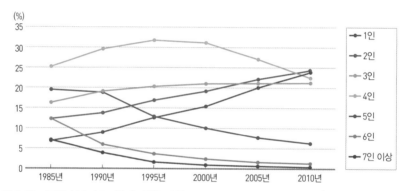

그림 1-30. 가구원 수별 가구 비율의 변화(통계청)

경우 2000년 이후 꾸준히 감소하고 있다. 이제는 결혼을 해도 자녀를 낳지 않거나 낳더라도 1명만 낳는 부부가 많아지고 있다는 것이다.

이러한 가구 규모의 축소와 1인 가구의 증가는 가족 부양 및 돌봄과 같은 전통적인 가족 기능의 공백으로 이어지고 있다. 또한 변화하는 성 역할에 부합하지 않는 전통적 성 역할 인식의 혼재, 확대되어 가고 있는 개인주의, 세대 간 의사소통 단절 등은 가족 간의 갈등을 심화시켜 가족 해체의 가능성도 높아지고 있다.

최근 늘어나고 있는 이혼 및 별거 가정의 증가 그리고 학교 밖 청소년 증가의 주요 원인으로 지목되는 것이 바로 가족 구조의 변화이다. 결혼을 하지 않아도 된다는 결혼 자체에 대한 부정적인 인식의 증가, 가족 기능의 약화와 가족 갈등의 증가는 많은 사회적 비용을 발생시키는 사회 문제의 원인이 되기도 한다. 따라서 가족 갈등을 예방하고 해소하기 위한 정책적 노력이 요구된다.

우리 모두, 한때는 어린아이였다

최근 일부 카페나 음식점 등에서 아이를 동반한 고객의 출입을 제한하는 '노키즈존'(No Kids Zone)이 등장했다. 노키즈존은 '아이를 동반하고 입장할 수 없는 공간'을 의미하는 것으로 아이들의 특정 행동이나 소음을 막기 위한 조치이다. 노키즈존이 발생하게 된 원인은 공공장소에서 아이의 소란스런 행동과 부모의 방관에 있다. 기저귀를 식탁 위에 놓고 가거나 식당 내에서 아이가 소변을 보게 하는 등의 일부 몰지각한 부모의 행동에도 기인하며, 매장에서 발생하는 안전사고의 책임에 대한 문제도 큰 원인으로 작용했다.

2011년 부산 시내 한 음식점에서 뜨거운 음식을 들고 가던 종업원과 부딪친 10세 아이가 화상을 입는 사건이 발생했다. 이 사건에 대해 법원은 종업원의 부주의와 식당 주인의 직원 안전 교육 미흡을 이유로 들어 4,100만 원을 배상하라는 판결을 내렸다. 이런 판결은 업주들이 향후 발생할 위험을 차단하기 위해 원천적으로 아이들의 출입을 금지하는 극단적인 처방을 내리는 원인이 되기도 한다.

노키즈존을 찬성하는 측에서는 어린이의 출입을 제한하는 것은 업주의 영업 방침으로 정부의 규제 대상이 될 수 없다고 주장한다. 우리 헌법 제15조에는 직업 행사의 자유를 보장하고 있다. 이에 따르면 업주의 영업 방침은 업주 개인의 고유한 기본권에 해당한다. 또한 앞에서 언급한 화상 사고와 같은 안전사고가 발생할

그림 1-31. 노키즈존 마크

경우 손해 배상의 책임은 업주에게 귀속되기 때문에 영업 방침을 정부가 일괄적으로 규제하는 것은 재산권 침해에 해당한다는 것이다.

그렇다면 노키즈존 도입에 문제점은 없을까? 아이들의 출입을 금지함으로써 다른 사람에게 편안함을 줄 수 있으니 아무 문제가 없는 것일까? 일반적으로 규제나 제한은 특정한 사물이나 행동을 대상으로 한다. 예를 들어, 수입에 대한 규제, 예술 작품에 대한 규제, 자동차 배출가스에 대한 규제 등이 그렇다. 흡연 문제에서도 흡연이라는 구체적인 행동을 규제하고 있지 담배를 소지하거나 흡연하는 사람의 출입 자체를 제한하는 경우는 없다. 그런데 노키즈존은 어린이라는 특정 집단 모두를 어떤 위험 집단으로 간주하고 있다. (어린이 자체를 위험으로 인지하기보다는 사건이 발생할 경우 책임을 회피할 목적이 큰 것으로 생각됩니다.) 이것은 모두가 출입할 수 있는 일상적 장소에 대한 출입을 차단하는 것이므로 기본권 침해의 소지가 크다. 또한 부모의 행동에 문제가 있는 것을 아이에게 모든 책임을 떠넘긴 조치라고 할 수 있다.

우리가 잊지 말아야 할 것이 있다. 지구상의 모든 어른들은 한때 모두 어린아이였다는 사실이다. 일부 발생하는 문제로 인해 우리가 아이들의 존재 그 자체를 꺼린다면 그것은 우리의 밝은 미래를 저당 잡히는 일이다. 공공장소에서 우리 모두의 편안함도 중요하다. 하지만 그보다 더 중요한 것은 아이들이 우리의 미래라는 엄연한 진리이다.

노키즈존은 기본권 침해와 관련되기도 하지만 우리 사회의 가족 구조 변화와 관련된 문제이기도 하다. 노키즈존 논란에서 우리가 고민해야 할 부분이 두 가지 있는데, 첫째, 여성에게 차별적인 사회 인식의 문제이다. 이 논란에서 공교롭게도 여성 차별적이며 혐오적 표현이 나타난다. 바로 '맘충(mom-蟲)'이란 단어인데,

이는 엄마를 뜻하는 맘(mom) 자에 벌레 충(蟲) 자를 붙여 비상식적 행동을 하는 엄마를 지칭하는 신조어이다. 물론 부적절한 행동을 하는 부모(여성과 남성 모두)의 잘못도 크지만, 이를 벌레에 비유해 공공에 유포하고 퍼트리는 행동은 대다수 여성에 대한 모욕으로 볼 수 있다.

일부에서는 여성들이 부적절한 행동을 하는 원인 중 하나를 육아 스트레스로 보고 있다. 인터넷상에서 유행하고 있는 '독박육아'라는 말은 육아 자체를 하나의 '굴레'로 인식하는 현대인들의 인식을 반영하는 것이다. 여성의 육아에 대한 압박과 스트레스는 부모의 잘못된 행동으로 표출되며, 더 나아가 아이에게까지 부정적인 영향을 미칠 수 있다.

'맘충'과 비슷한 뉘앙스를 풍기는 용어들이 과거에도 사회적으로 유행했는데, '김치녀'와 '된장녀'가 대표적이다. 여러 의미를 가지고 있는 '김치녀'는 책임과 의무를 하지 않고 권리만 타령하는 여자 또는 자신이 불리할 때만 남녀평등을 주장하는 여자 등 모두 부정적인 뜻이다. '된장녀'는 2000년대에 만들어진 유행어로, 허영심 때문에 자신의 재산이나 소득 수준에 맞지 않는 명품 등 사치를 일삼는 여성을 비하하는 말이다. 특히 자신의 경제활동으로 얻은 소득이 아닌 다른 사람(이성, 가족 등)에 기대어 의존적 과소비를 하는 여성을 가리킨다. 물론 '김치남', '된장남'처럼, 여성뿐만 아니라 남성에게도 이런 용어가 사용되기도 한다. 하지만 동일한 사건에 대해 사회적으로 남성보다 여성에게 더욱 강한 부정적 인식과 시선이 작용한다.

대표적인 사건으로 2005년 6월 발생한 일명 '개똥녀' 사건이다. 서울의 지하철에 탑승한 한 여성이 자신의 애완견이 지하철 바닥에 설사를 했는데도 이를 치우지 않고 하차했고, 이후 다른 사람들이 개의 배설물을 치웠으며, 이를 지켜본 사람이 이 장면을 인터넷에 올리면서 논란이 시작되었다. 이후 누리꾼들은 사진 속 여자를 '개똥녀'라 부르며 무분별한 신상 털기를 시작했으며, 여성이 노인에게 욕설을 했다는 부정확한 정보들이 마구잡이로 유포되면서 여성 혐오 현상으로 번지기까지 했다. 이런 현상은 이후 계속해서 발생했는데, 여성 혐오에 맞선다는 명분으로 2015년에 메갈리아(Megalia), 2016년 워마드(Womad)라는 커뮤니티가 형성되기도 했다.

이런 현상의 원인은 무엇일까? 첫째, 무한 경쟁을 추구하는 신자유주의가 지배 담론으로 등장한 현대 사회에서 과거에 존재하던 남성 우위의 문화가 붕괴되었기 때문이다.(그렇다고 이것이 여성의 권리 신장으로 이행되지는 않았습니다.) 여성 혐오의 원인으로 대부분의 한국 남성들이 겪어야 하는 군 입대로 인해 발생하는 고용에 있어서의 불평등과 같은 문제와 관련이 있다. (양성평등과 관련한 논란이 있을 때 "그럼 여자들도 군대 가던가" 또는 "그럼 니네가 애 낳던가" 하는 식의 이야기는 제발 하지 말았으면 합니다.) 일부 남성들은 자신들의 불리한 상황의 원인을 동일한 약자 입장에 처해 있는 여성들에게 돌려 집단적 증오의 대상으로 삼고 있는 것이다. 그러나 아주 단순한 사실은, 잘못된 행동을 하는 여성은 극히 일부이

표 1-2. 국가별 남성들의 가사노동 시간 비교

1위. 덴마크: 186분	10위. 폴란드: 157분
2위. 노르웨이: 184분	20위. 헝가리: 127분
3위. 오스트레일리아: 172분	21위. 터키: 116분
4위. 에스토니아: 169분	22위. 멕시코: 113분
5위. 슬로베니아: 166분	23위. 이탈리아: 104분
6위. 독일: 164분	24위. 포르투갈: 96분
7위. 미국: 161분	25위. 일본: 62분
8위. 캐나다: 160분	26위. 대한민국: 45분
9위. 핀란드: 159분	
	OECD 평균은 139분

주 1: 이 자료는 OECD 2015 'Oecd gender, Balancing paid work, unpaid work and leisure'를 기반으로 한 것이며, 국가별로 1999년부터 2010년까지 기준 연도가 각각 다름.
주 2: 가사노동 시간은 1일 평균 사용 시간으로 일상적인 가사노동에 사용한 시간 이외에도 쇼핑, 가구원 돌봄, 비가구원 돌봄, 자원봉사 활동, 가사 관련 이동 등에 사용한 시간이 포함되어 있음.

며, 설사 비난받을 행동을 했다 하더라도 행동 그 자체를 비난해야지 그런 행동을 한 여성과 전체 여성을 혐오의 대상으로 삼는 건 큰 사회적 문제라는 것이다.

둘째, 우리 사회에서의 남성들의 소극적인 육아 참여이다. 한국에서 대부분 가사와 육아를 담당하는 사람은 여성이다. 설령 남성과 여성이 모두 직장을 다니는 맞벌이 부부라 하더라도 이런 사실은 크게 다르지 않다. (저 또한 많이 반성하고 있습니다.) 그러나 세계 다른 나라들의 자료를 살펴보면 우리나라와 큰 차이를 보인다(표 1-2). OECD 보고서에 따르면 덴마크의 경우 남성의 1일 평균 가사노동 시간이 186분이며, 네덜란드는 133분이다. OECD 회원국의 평균 가사노동 시간은 139분이다. 그러나 한국은 45분에 지나지 않는다. 중국의 91분에 비해 절반밖에 되지 않는 수치이다. 남성의 가사노동 시간이 합계출산율과 노키즈존과 같은 사회 문제로 바로 연결되는 것은 아니지만, 남성의 가사노동 시간이 높은 덴마크와 네덜란드는 우리보다 출산율도 높고, 어린이에게 친화적인 사회 분위기가 조성되어 있다. 합계출산율을 살펴보면 2016년 기준 덴마크는 1.71명, 네덜란드는 1.66명으로 같은 해 우리의 1.3명에 비해 높다. 반대로 남성의 가사 노동 시간이 적은 국가들은 출산율이 낮은 편이다. 2016년 기준 일본은 1.44명, 포르투갈 1.31명, 이탈리아는 1.35명이다. 아이를 낳고 키우는 데 있어 여성의 부담이 줄어야 좀 더 많은 아이들이 태어나게 되는 것이다.

조금은 죄송스러운, 마음의 불편함

먼저 분명하게 언급하지만, 지금 이야기하는 내용 속 어머니를 비난하거나 그들의 행동에 대해 분석할 마음은 전혀 없다. 단지, 너무나 당연하게 '육아=어머니'로 받아들이는 현실과 이런 현실을 더욱더 강화시키고 당연시하게 만드는 세상의 관점에 대해 문제를 제기하고 싶은 것이다. 아래 내용은 한 신문 기사의 제목이다.

"자폐 아들의 전시회…그 뒤에 '조금 다른' 엄마 있었다"

발달 장애를 가졌지만 지금은 작가가 된 아들을 둔 어머니의 이야기를 다룬 내용이다. 뭔가 불편한 내용이 보이지 않는가? 기사의 제목과 내용에 부모인 엄마는 등장하지만, '아빠'는 없다. 물론 기사에만 나오지 않을 수도 있다. 그러나 이런 내용에 있어 '조금 다른 아빠'가 있다는 기사를 보기는 쉽지 않다. 역경을 딛고 자신의 일을 성취한 아들과 딸 옆에는 항상 '강한 엄마'가 있다.

이런 기사를 접하게 되면 왠지 엄마는 모두 강하고 자신보다 자식과 남편을 위해 '희생'해야만 하는 존재로 비쳐진다. 그리고 우리 사회는 그것을 당연한 것이라 여긴다. 그렇기 때문에 그렇지 않은 엄마들을 보게 되면 이기적인 엄마라며 손가락질하고 비난한다. 비슷한 예를 드라마 속에서 찾을 수 있는데, 2008년 인기리에 방영되었던 드라마 〈엄마가 뿔났다〉가 대표적이다. 드라마의 후반부에서 엄마가 가출한다는 내용이 사회적으로 큰 파장을 일으켰다. 평생 가족들을 위해 자신을 희생하며 살아온 엄마 김한자가 휴가를 선언하고 집을 나간 것이다. 이에 일부 시청자들은 임신한 며느리를 두고 집을 나간 것, 1년이나 되는 기간과 휴가를 찾는 방법이 잘못됐다는 등의 비난을 했다. 그러나 드라마 속 김한자는 한 남자의 아내, 3남매의 엄마이기 이전에 한 '여성'이다. 우리는 이 사실에 대해 너무 무심했던 건 아닐까? 드라마는 마지막 회에서 김한자의 다음과 같은 독백으로 끝이 난다.

"다음 생애에서는 나도 내 이름 석 자로 불리면서 살아보고 싶다."

이 세상의 모든 엄마는 ○○이의 엄마, ○○의 부인이 아닌, 자신의 이름으로 불리어야 한다. (가끔 결혼한 친구를 만나면 자신의 아내를 '○○이 엄마'라고 부르는 친구들이 있는데 전 그 호칭이 예전부터 왠지 어색했습니다.)

6. 여자는 지구의 미래

부모가 된다는 것

이 세상의 불완전성과 불확실성을 생각해 볼 때, 한 여성(부모)이 아이를 낳는다는 것은 어쩌면 무모하고도 위험한 선택이라고 할 수 있다. 그럼에도 불구하고 부모가 아이를 낳는 것은 아이의 미래의 삶에 대한 절대적인 '낙관'이 있기 때문일 것이다. 그러나 현대 우리 사회에서 발생하는 초저출산은 이제 우리나라 여성(부모)들에게 그런 절대적 낙관이 존재하지 않기 때문에 발생하는 현상일지도 모른다.

앞에서도 언급했지만, 현재 우리나라를 비롯한 많은 나라들이 겪고 있는 낮은 출산율에는 여러 가지 원인이 있다. 그중에는 개인의 사회·경제적 지위, 출산 시기와 간격에 따른 차이, 개인의 취업 여부 등이 있다. 부모가 된다는 것은 개인에게는 심리적 부담이고 개별 가정의 경제 상황에도 큰 부담으로 간주되기도 한다. 그러나 한편으로 부모가 된다는 것이야말로 개인의 인생에서 가장 큰 보람이자 기쁨으로 인식하고 있기도 하다. 즉 부모가 된다는 것은 자아를 이해하고 개인이 자신의 삶에 목적의식을 부여하는 중요한 계기[32]가 되기도 한다. '2012년 전국 결혼 및 출산동향 조사' 보고서를 살펴보면 20~44세 기혼여성의 대부분이 자녀가 필요한 이유를 '심리적인 만족'과 '가정 행복' 때문이라고 답했다. 그리고 이상적인 자녀의 수를 2명 정도로 답하는 경우가 많았다. 그러나 현실은 그렇지 못하다. 위 보고서를 살펴보면 조사 대상 여성들 중에서 자녀가 없는 경우는 10.7%에 불과하다. 이는 결혼한 여성의 거의 대부분은 건강에 이상이 없는 한 첫 출산은 하지만, 첫 출산 자체가 점점 늦어지고 있으며, 둘째 아이의 출산을 고민하는 부모들이 많다는 것이다.

독일의 사회학자 엘리자베트 베크 게르스하임(Elisabeth Beck-Gernsheim)은 "부모 역할의 보상·비용에 대한 인식이 개별 가족의 소자녀화와 관련이 있다"라고 주장했다. 우리의 출산 행태가 앞에서도 언급했듯이, 저출산 자체의 문제보다는 결혼한 커플들의 대다수가 첫 출산은 하지만 둘째 아이 이상의 출산을 지연 또는 거부하는 것이 더 큰 문제라고 볼 수 있다. 이 점을 생각해 본다면 자녀 양육을 둘러싼 경제사회적 비용과 부모 역할에 따른 보상과 비용에 초점을 두고 첫째 자녀를 키우고 있는 부모들이 왜 둘째 자녀를 낳지 않는지를 고민해야 하는 것이다. 우리는 그 이유를 크게 세 가지로 살펴볼 수 있다.

첫째, 부모 역할에 따르는 심리적 비용의 증가이다. 한국 사회와 같이 사교육비 지출이 가계 지출에서 큰 비중을 차지하는 경우 부모들은 자녀 양육과 교육문제에 대해 깊이 몰입하게 되는데, 이에 따른 부모들의 심리적 부담과 압박감은 그에 비례하여 높아지게 된다. 또한 앞에서도 언급했듯이, 변화한 사회 환경으로 여성들의 사회 진출이 증가하며, 직업 현장에서의 역할에 대한 사회적 압력도 커지고 있다. 하지만 자녀 양육에 대한 일차적 책임은 여전히 여성에게만 전가되는 상황 속에서 여성들은 추가 자녀를 가지는 데 큰 심리적 부담을 가질 수밖에 없다.

둘째, 육아에서 보조자의 유무와 부부간 관계 문제이다. 한 자녀에서 추가 자녀를 계획할 때 부부의 연령이나 경제적 수준 이외에도 많은 요인이 작용하는데, 그

중 큰 부분을 차지하는 것이 돌봄 보조자의 유무와 육아에 관한 남성의 태도이다. 대부분의 부부들은 첫째 자녀를 출산할 때보다 둘째 자녀를 가질 때 더 많은 조건들을 생각하게 된다. 이는 자연스럽게 첫째 자녀보다 둘째 자녀를 계획할 때 더욱 신중한 태도로 이어진다. 이런 고민과 신중한 태도는 실제 출산으로 이어지는 것을 지연시키고 감소시킨다. 그리고 부부간의 원만한 관계와 의사소통의 정도도 큰 영향을 미친다. 즉 자녀 양육에 대한 남편의 관심과 부부의 의견 차이가 둘째 아이 출산에 큰 영향을 미친다는 것이다. 예를 들어, 남편만 둘째 자녀를 원하고 아내는 반대하는 경우 부부간 갈등 수준은 높아지며, 이는 둘째 자녀의 출산 확률을 크게 떨어뜨릴 수 있다.

셋째, 산업화 이후 현대 사회에서 부모가 된다는 것은 자신의 인생에서 많은 단절을 가져올 수 있다는 점이다. 특히 여성들에게는 자기 개인이 중심이 되는 독립적이며 유동적인 인생 계획을 포기하고 남편과 자식에게 구속과 강요를 받는 '부모됨'을 실천해야 하는 것을 의미한다. 이는 첫째 자녀 출산으로 인해 자신의 인생에서 많은 제약을 경험한 부모라면, 아마도 둘째 자녀 출산을 고민할 경우 더욱 극명하게 부각될 것이다.

현재 우리 사회 대부분의 부부들은 아이 한 명은 출산한다. 그렇다면, 현재의 저출산 현상은 '출산' 그 자체가 문제라기보다는 둘째 자녀를 낳지 않는 것이 문제의 핵심이라고 할 수 있다. 결국 둘째 자녀를 가지지 않는 현대인들의 '마음'과 그들이 처한 '현실'을 이해하려는 노력이 우선되어야 한다. 그래야만 올바른 대책이 나올 수 있는 것이다. 그러나 아직까지도 "자녀가 한 명인 부부는 반성을 해야 한다", "국가의 미래를 위해서는 두 명 이상의 자녀를 낳아야 한다"는 말을 아무렇지 않게 하는 사람들이 있다. 이는 저출산의 원인을 개별 부부들에게 전가하는 것이다. 이처럼 저출산의 원인을 부부 개개인의 이기적인 마음에서 찾는다면 이 문제는 절대 해결할 수 없다. 어찌 국가가 국민 개개인의 이기적인 마음을 이타적인 마음으로 개조시킬 수 있겠는가. 지금은 독재 시대가 아니다!

우리의 최종 목표는 출산율 자체만을 높이는 것이 아니다. 현세대의 삶의 질을 개선하여 삶이 안락하고 평화로워야 한다. 그래야만 젊은이들은 안심하고 미래를 설계할 수 있으며, 그 미래에 자연스럽게 자신의 아들과 딸을 편입시킬 것이다. 자신의 아들·딸의 미래가 불행할 거라는 두려움이 있다면 과연 어떤 어머니·아버지가 용감하게 아기를 낳겠는가? 결국 우리가 해야 할 일은 우리의 자식들이 살아갈 미래를 더 나은 사회로 만드는 것이다.

저출산의 만능통치약, 양성평등[33]

독일의 사회학자 노르베르트 엘리아스(Norbert Elias)는 "오늘 일어나는 일은 어제 일어난 일을 알지 못하면 전혀 이해할 수 없는 경우가 많다."라는 말을 했다. 현대 사회의 중요한 이슈인 '저출산'이라는 현상도 과거를 이해하면 현재 발생하는 이유와 대책을 더 풍부하게 논의할 수 있다. 한국의 상황과는 다를 것만 같은 독일도 2000년대 사회적으로 저출산 문제가 중요하게 부각되었다. 독일 언론에서는 늘어나는 노년층 인구와 줄어드는 유소년 인구에 따른 사회복지 체계의 과중한 부담과 그로 인한 경기 침체와 불안한 연금 등을 강조하며 대중들을 더욱 불안에 떨게 했다. 그러나 독일과 주변 유럽 국가들이 겪고 있는 출생률 감소 현상은 21세기 갑자기 발생한 '사건'은 아니다. 이는 근대의 탄생과 함께 시작된 사회적 현상이다.

시대 구분인 근대(近代)는 역사상 봉건시대가 끝난 이후 시대로, 대략 18~19세기를 의미한다. 이 시기는 공동체에 비해 '나'라는 개인이 강조되는 시기이다. 그러나 근대 속 개인의 자유는 남성에게만 해당되는 것이었다. 오히려 여성들은 과거보다 더 가정이라는 틀 속에 갇혀 지낼 수밖에 없었다. 근대의 가장 혁명적 사건인 산업화는 크게 두 가지 중요한 전제 조건이 있는데, 첫 번째가 '자유로운 시장'이며 두 번째가 '재생산 기능을 담당하는 평화로운 가정'이라는 공간이었다. 이를 위해 남성과 여성에게 상반된 사회적 역할을 부여한다. 남성에게는 힘, 추진력, 활동성을, 여성에게는 감수성, 포용력, 수동성을 자연스러운 것이라 강조한다. 즉 근대 자본주의가 만든 가족이라는 공간 속에서 여성의 역할은 아이를 교육시키고 가정을 지키는 조신한 존재여야만 했던 것이다.

근대적 가치의 확산과 핵가족화는 근대적 어머니에게 자녀와 배우자에 대한 높은 수준의 정서적 보살핌 능력과 위생적인 거주환경의 유지 그리고 가정경제의 합리적인 운영과 가족의 건강을 위한 균형 잡힌 식단과 이에 대한 새로운 지식의 습득이 필요함을 의미한다. 자연스럽게 여성들은 아이를 '잘 길러야 한다'는 부담을 가지게 되는 것이다. 아이를 타인에게 맡길 수 없게 되었으며, 육아와 자녀 교육을 여성이 책임지게 된 것이다. 이를 대중들에게 합리화시켜 주는 개념이 등장하는데 그것이 바로 '모성애'이다.

19세기 활동한 프랑스의 저널리스트 에밀 드 지라르댕(Emile de Girardin)의

그림 1-32. 〈장미와 백합〉, 페어차일드 맥머니즈, 1897

"모성이 이 시대의 열정이다"라는 말을 통해 당시 '모성애'가 여성에게 어떻게 작용했는지를 알 수 있다. 페어차일드 맥머니즈(Fairchild MacMonnies)의 그림 〈장미와 백합(Roses and Lilies)〉을 보면 아름다운 어머니, 어린 딸 그리고 인형이 그려져 있다. 당시 프랑스와 영국 회화 작품에서 이 세 가지 요소를 자주 볼 수 있는데, 이는 장미와 백합의 부드러움을 통해 여성의 모성애적 아름다움을 강조하며, 이런 여성이 이 사회에 필요한 진정한 여성상이라는 관점을 보여 준다. '모성적 여성만'을 필요로 한다는 여성 억압적 시각을 간접적으로 알 수 있는 것이다.

간호학대사전의 모성애 항목을 살펴보면 모성애(maternal affection)란 "생활력이 불충분하고 발달이 미약한 유아에 대해서 어머니가 가진 애정을 말한다. 특히 보호, 염려, 돌봄, 접근, 접촉, 생리적·심리적 욕구를 만족하는 행동 등에 의해서 표현된다. 이것과 유사한 행동은 동물의 암컷에도 나타나며, 이것을 '모성애'라고 한다."라고 서술되어 있다. 그러나 동물들의 그것은 본능에 의한 자연적 속성이라면, 인간의 그것은 자연적 속성에 사회적으로 구성된 부분이 강하게 작용한다. 사실 동물들 중에서는 모성애만큼이나 부성애가 강한 동물들도 많다. 대표적으로 남극의 황제펭귄이다. 황제펭귄은 암컷이 알을 낳으면 바로 알을 품기 시작한다. 영하 50℃, 시속 수백 km의 강풍과 강추위 속에서도 식음을 전폐하고 알을 품는다. 그 기간이 무려 60여 일이다. 동물들에게 '모성애'는 암컷에게만 생득적으로 주어진 것은 아니다. 진화의 과정에서 유·불리에 따라 암컷이 또는 수컷이 그 역할을 수행하는 것이다. 그러나 인간 사회에서는 유독 여성에게만 모성애를 강요하는 측면이 있다. 따라서 모성애에 문제 제기를 하는 이들은 '사회적으로 구성'된 부분에 의문점을 가진다.

2015년 10월 스웨덴의 저명한 통계학자 한스 로슬링(Hans Rosling)이 한국을 방문했다. 그는 한국의 낮은 출산율의 원인으로 '가부장적 문화'와 사람들의 '인식의 문제'를 지적했다. 한국 사회는 가족을 기본 단위로 생각하고 가족을 통한 전통적 미풍양속의 전승을 소중하게 여긴다. 그러나 가족의 재생산이 위기에 처하는 역설적인 결과가 나타났으며, 이는 비단 한국만의 일은 아니다. 가족 지원 정책이 미약한 사회에서 가족이 스스로를 재생산하기란 매우 힘든 일이며, 가족주의가 강한 나라일수록 출산율이 낮은 수준을 나타내고 있다. 이는 가족주의가 강하며 가족 지원 정책이 약한 이탈리아와 그리스의 출산율 수준이 낮은 것을 통해서도 확인할 수 있다(그림 1-33).

로슬링은 양성평등이 확대되고 보장된다면 출산율은 자연스럽게 높아질 수 있을 것이라 전망했다. 또한 자신의 나라를 예로 들어, "스웨덴도 1970년대만 하더라도 출산율이 바닥이었으며, 사회적으로 큰 문제"가 되었다고 말한다. 그때만 해도 "남편이 아내의 출산을 지켜보는 것이 일반적이지 않았다"고 한다. 그랬던 스웨덴도 변한 것이다. 그러나 이런 변화의 이면에는 인구정책뿐만 아니라 양성 평등이 큰 역할을 했다. 이 점과 연결하여 생각해 보면 한국 사회도 결혼과 이혼에 대해 좀 너그러워져야 한다고 로슬링은 말한다. "스웨덴에서는 싱글맘이나 그 아이들에 대한 낙인이 없다. 동성애에 대한 생각도 바꿔야 한다. 스웨덴은 2명의 장

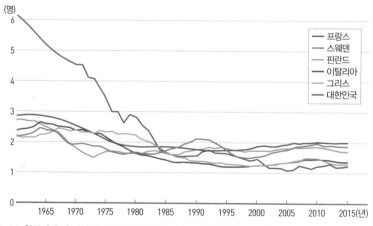

그림 1-33. 한국과 유럽 여러 나라들의 출산율 변화(Google Public Data, 2016)

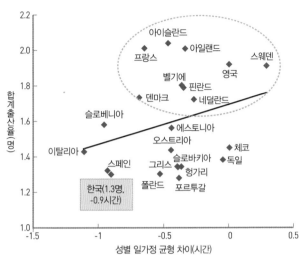

그림 1-34. 합계출산율과 성별 일가정 균형 차이 정도(현대경제연구원, 2014)
주: 성별 일가정 균형 차이는 하루 중 여가/개인 용무에 소요하는 성별 시간 차이(남성-여성)

관이 동성애자이고 주교도 동성애자이다. 얼마 전 내 아이 생일에 아이 친구 20여 명이 왔는데, 2~3명은 엄마가 둘이거나 아빠가 둘인 동성애자 커플의 아이들이 었다." 이와 같이 결혼에 대한 관념이 유연해져야 한다. 이런 변화가 선행되어야 만 부모들이 아이를 키우는 부담이 사라질 수 있으며, 그렇게 된다면 출산율은 자 연스럽게 높아질 것이라고 주장한다.

그러나 한국 정부의 저출산 정책에 나타난 '출산'에 대한 관점을 살펴보면 위에 서 언급한 '양성 평등'과 결혼에 대한 유연한 관점은 보이지 않는다. 정부는 유연 근무제, 보육시설 확충과 같은 정책을 통해 여성의 출산 의무를 강조하고 있다. 그러나 21세기 여성들은 더이상 과거의 여성들처럼 국가와 공동체를 위해 출산 하지 않는다. 또한 현대 사회의 경제 여건은 여성의 사회 진출을 당연시하며, 많 은 부문에 여성들이 진출해 있다. 따라서 출산과 양육에 대한 부담이 여성에게 치 우쳐져 있는 현재의 상황으로는 문제를 해결하기 어렵다. 해법은 '여성'과 '남성'

이 좀 더 평등해지는 것뿐이다. 여성이 결혼을 통해 '엄마'란 존재로 변해 자신의 삶의 진로를 수정해야 하듯이, 남성 또한 '아빠'란 존재로 자신의 삶의 진로를 수정해야 한다. 남성과 여성이 그 부담을 평등하게 나누어야 하는 것이다. 그리고 여성이건 남성이건 육아로 인한 인생의 진로 수정이 자신의 존재 자체를 벗어나지 않도록 국가와 사회의 도움·역할이 강화되어야 한다. 즉 돌봄 노동의 사회적 책임을 강화할 수 있는 정책이 만들어져야 하는 것이다. 여성이 '엄마'라는 벗어날 수 없는 굴레와 '모성애'라는 사회적 시선의 부담에서 벗어나 온전한 '자신'으로 거듭나 행복해질 수 있을 때, 비로소 아이들은 더 많이 존재할 것이다.

모성애와 수퍼맘의 관계
읽을거리 ○

다음은 이복실 전 여성가족부 차관의 인터뷰 내용 중 일부이다.

그녀는 행정고시를 준비할 당시부터 딸 하나를 둔 엄마였으며, 적지 않은 나이에 둘째까지 출산했다. 심지어 두 딸이 갓난아이였을 땐 남편이 유학을 떠나는 바람에 홀로 육아와 일을 도맡으며 힘겨운 시간을 버텼다. 그런 그녀는 오히려 모성이 여성부 차관까지 오르게 한 원동력이 되었다고 말한다. "그야말로 모성이 원동력이 됐습니다. 20대 때 남편이 홀로 유학을 가 두 아이를 홀로 키웠습니다. 그때 제일 힘든 순간은 아침 출근 때마다 아이들이 '엄마 오늘 회사 안 가면 안 돼?'라며 잡을 때였죠. 뭐랄까. 죄짓는 느낌이었습니다. 그런데 모성이 곧 원동력이라고. 그런 아이들을 떼어놓고 나와 일을 하는 만큼 자랑스러운 엄마가 돼야겠다는 마음으로 더욱 악착같이 일했던 것 같습니다.[34]

육아에, 직장일에 힘든 상황 속에서도 자신의 커리어를 쌓고 전문가로서 성공한 그녀의 이야기가 감동적이면서도 한편으로는 한국의 육아 복지 시스템이 더 잘되어 있고 성 차별이 없는 사회였더라면 그녀가 차관 이상의 자리에 오를 수 있지 않을까라는 생각을 하였다. 또한 힘든 상황을 이겨 온 원동력이 '모성'이라고 한 부분에서는 씁쓸함이 느껴졌다. 생각해 보면 이 글의 주인공인 전 여성복지부 차관과 비슷한 상황에서 도중에 포기한 여성들은 모성이 부족하기 때문이라고 오해할 수 있기 때문이다. 육아의 방식은 모성애보다 여성들 개인 간의 차이로 다르게 나타난다. 사회의 구조적 문제와 남녀에게 공평하지 못한 육아의 현실을 모성으로만 설명해서는 안 될 것이다.

프랑스로부터의 교훈

낮은 출산율 때문에 골치를 앓았던 프랑스는 현재 높은 출산율(2016년 합계출산율 1.96명)을 유지하고 있다. 프랑스에서는 과연 어떤 일이 일어났던 것일까? 앞에서 언급한 독일의 사회학자 노르베르트 엘리아스의 표현처럼 프랑스의 '어제 일어난 일들'에 대해 알아보자. 먼저 독일과 프랑스의 역사적 관계를 조금 살펴볼 필요가 있다.

현재 유럽은 유럽연합(EU)이라는 정치·경제적 공동체로 뭉쳐 있지만, 과거 17~18세기 유럽의 역사는 전쟁으로 점철되어 있었다. 특히 독일과 프랑스의 악연은 19세기부터 시작된다. 1806년 나폴레옹 1세는 프로이센의 군대를 대파하고 베를린으로 입성하였다. 그리고 브란덴부르크 문 위를 장식하고 있는 콰드리가 조각상을 빼앗았다. 이 조각상은 승리의 여신이 전차를 모는 조각상으로 국가적 명예를 상징하고 있었다. 그러나 그 후 전세는 뒤집어진다. 1870년 시작된 보불전쟁에서 독일이 승리한 것이다. 1866년 오스트리아와의 전쟁에서 승리한 프로이센의 비스마르크(Bismarck)는 독일 통일의 마지막 걸림돌인 프랑스를 제거하고자 1870년부터 1871년까지 프랑스와 전쟁을 일으키게 되는데 이것이 '보불 전쟁'이다. 당시까지만 해도 남부 독일 지역은 여전히 프랑스의 영향력이 강하게 작용하고 있었다. 전쟁은 나폴레옹 1세의 조카이자 당시 프랑스의 황제였던 나폴레옹 3세가 독일에 항복하며 끝나게 된다. 그런데 프랑스의 항복 이후 비스마르크는 빌헬름 황제 1세의 즉위식 장소로 베르사유 궁전의 거울의 방으로 정한다. 그 이유는 '장소의 정치'를 실현하기 위해서이다. 베르사유 궁전의 거울의 방은 높이가 13m나 되는 공간으로 거울과 샹들리에가 뿜어내는 사치와 화려함으로 압도적인 분위기를 풍긴다. 이곳에서 프랑스의 자존심을 짓밟는 퍼포먼스를 통해 프랑스에 대한 독일 국민의 열등감을 해소하며, 수십 개의 작은 나라로 쪼개져 있던

그림 1-35. 〈베르사유에서 황제 선언(Die Proklamierung des deutschen Kaiserreiches)〉, 안톤 폰 베르너 (Anton von Werner), 1883. 가운데 흰색 정복을 입고 있는 사람이 비스마르크이다.

독일의 통일 의지를 불태웠다. 독일은 전쟁을 통해 프랑스로부터 알자스-로렌 지역을 획득하였으며, 엄청난 배상금을 받아냈다.

이후 두 나라의 전쟁은 두 번 있었는데, 20세기 최악의 전쟁인 제1차 세계대전 과 제2차 세계대전이다. 이 두 전쟁에서도 장소의 정치는 계속 이어진다. 제1차 세계대전에서 승리한 프랑스는 자신들이 과거 치욕을 당했던 베르사유 궁전에서 독일을 상대로 강화 조약을 체결하고 빼앗겼던 알자스-로렌 지역을 탈환하며, 독일로부터 엄청난 배상금을 획득한다. 그러나 30년도 채 지나지 않아 전세는 또 역전된다. 제2차 세계대전 초기 프랑스로부터 항복을 받아 낸 독일은 과거 제1차 세계대전의 휴전 협정을 맺은 프랑스의 콩피에뉴 숲에서 과거 패배자로서 자신 들이 앉아 있던 자리에 프랑스를 앉혔다.

이런 독일과 프랑스의 악연이 출산율과 어떤 관련성이 있는 것일까? 19세기 말 프랑스에서는 '인구 감소'를 국가적·사회적 재앙으로 간주하고, 우려했다. 그러 나 세기말 프랑스의 인구는 감소하지 않았다. 지난 2세기 동안 프랑스의 인구 성 장 그래프를 통해서도 프랑스의 인구가 꾸준히 늘어나고 있음을 알 수 있다. 19 세기 중반까지만 하더라도 프랑스의 인구는 러시아 다음으로 많았다. 그러나 19

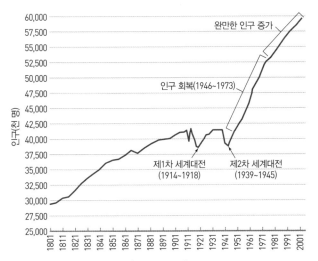

그림 1-36. 프랑스의 인구 성장(1801~2001)

세기 말 그 자리를 독일에게 넘겨 주고 만다. 1871~1911년 사이 프랑스의 인구
증가율은 8.6%였던 데 반해, 독일은 60%, 영국은 54%일 정도로 그 차이가 심했
다.[35] 1843년에 태어난 프랑스의 경제학자 르루아-볼리외(Leroy-Beaulieu)는
1910년에 "200년 안에, 22세기가 끝나기 전에 프랑스 인구가 완전히 사라질 것이
다"라는 비관적 전망을 내놓았다. (왠지 최근 언론기사 제목과 비슷한 것 같습니
다.) 과거의 인구 대국 프랑스는 주변의 독일과 러시아, 영국의 인구 성장을 지켜
보면서 위기의식을 느꼈다. 특히, 과거 보불 전쟁의 패배를 통해 독일에게 느낀
위협이, 늘어나는 독일의 인구로 더욱더 커지게 된 것이다. 19세기에서 20세기로
넘어가는 시기, 프랑스의 인구에 대한 걱정은 항상 독일과의 비교로 표출되었다.
프랑스군 2명이 독일군 5명과 대치하는 국경의 모습을 보여 주는 그림 1-37처럼
1870년 보불 전쟁에서 패배를 경험한 프랑스인들은 인구수를 국가 방어 능력의
핵심으로 간주했다.
　　그러나 비슷한 시기 프랑스에서는 인구에 관한 정반대의 움직임도 있었다. 그

그림 1-37. 〈국가는 위험에(La Patrie est En Danger)〉, 오른쪽에는 많은 수의 독일군이 있고 왼쪽에는 적은 수의 프랑스군이 있다.(20세기 초 프랑스 인구 성장을 독려하기 위해 제작한 선전문)

것은 신맬서스주의(Neo-Malthusianism)[36]로 19세기 말 프랑스에서 등장한 이데올로기이다. 이 이데올로기는 특히 무정부주의자인 폴 로뱅(Paul Robin, 1837~1912)의 활동에 의해 더욱 확산되었다. 그는 '인간쇄신동맹'이라는 단체를 설립해 '쇄신(Régération)'이라는 선전물을 발행했는데, 이를 통해 다음과 같은 주장을 했다.

사랑하는 자매 여성들이여! 만약 당신의 건강, 당신의 물질적 상태와 환경들이 당장 좋은 조건에서 아이를 낳는 것을, 아이에 대한 모든 종류의 보살핌과 아이가 필요로 하는 사려 깊은 교육의 제공을 허용하지 않거나 허용하지 않을 것이라면, 당신은 스스로 어머니가 되는 것을 포기할 권리와 의무가 있습니다. 만약 당신에게 이미 아이가 있다면 무분별하게 아이의 수를 더하지 말고 지금의 아이를 더 잘 먹이고 더 잘 보살펴야만 합니다. 만약 아직까지 아이가 없다면 당신과 당신의 배우자가 건강, 행복, 안전에 유리한 조건에 놓이는 순간을 현명하게 선택해야 합니다. 이는 당신에게 달려 있으며, 당신은 당신 운명의 절대적인 지배자입니다.[37]

"당신은 당신 운명의 절대적 지배자입니다."라는 문구가 강렬하면서도 명확한 의미를 전달하고 있다. 이보다 더 과격한 주장을 하는 이들도 있다. 1890년에 발행된 한 선전지를 보면, "아이를 많이 낳는 것이 빈곤을 증가시키는 것이다. 사람들은 군인을 요구하지만 전쟁은 빈곤과 과잉 인구로부터 발생한다. 인구 증가는 행복의 적이다. 사람이 아무런 의미가 없는 태아 상태일 때 낙태를, 생후 15일 안에 영아살해를 허용하자"라고 주장한다. 당시 이런 주장을 가톨릭 입장에서는 악마의 주장으로 보았다. 또한 보불 전쟁 이후 늘어나는 독일의 인구에 따른 위협과 복수 감정을 지니고 있던 민족주의자들에게는 그야말로 공공의 적으로 비쳐질 수밖에 없는 주장이었다. 어쩌면 독일과 극단의 대치적 상황에서도 이런 주장을 할 수 있던 프랑스의 사회적 풍토가 현재의 프랑스를 만든 힘일 수도 있을 것이다. 다시 로뱅의 주장을 살펴보면, 그가 여성들에게 임신을 피하라고 주장한 이유는 인간의 보다 나은 삶을 위해서이다. 여성이 자신의 운명의 주인이 되길 바랐으며, 동시에 아이의 양육에 대한 사회와 국가의 무관심을 비판한 것이다. 인구의 절대적 수보다는 인간 개개인의 삶의 질을 높이고 모든 사람이 균등한 문명의 혜택을 누려야 한다는 것이다. 21세기 한국에 살고 있는 우리들이 고민하고 있는 것을 100여 년 전 프랑스의 많은 사람들이 했던 것이다.

당시 인구 증가론자들이 주장했던 인구 감소에 대한 핵심 관점은 '민족의 자살(suicide national)'이다. 즉 인구 감소를 국가적 재앙으로 간주했다. 따라서 이들은 인구 감소를 막기 위해 1896년 '인구 감소에 대항하는 전국 동맹(Alliance nationale contre la dépopulation, 이하 인구동맹)'을 결성하였다. 이 단체는 세 자녀 이상의 대가족에게는 직접세 감면을 요구하며, 반대로 자녀 수가 세 명 미만

"2750년, 한국인 완전히 사라진다"

위 제목은 2014년 한 매체의 기사 제목이다. 기사는 본문에서 언급한 '민족의 자살' 담론과 유사한 주장을 펼친다.

> 국회 입법조사처에서 개발한 인구 변화 분석 결과 저출산·고령화에 따라 … 약 120년 후 인구수가 1,000만 명으로 급속이 줄어들어 2198년 300만 명, 2379년 10만 명, 2503년 인구 1만 명에 이르러 약 700년 뒤 2750년에는 대한민국 민족이 사라진다. 지금처럼 인구 감소 추세가 계속 이어진다는 전제 속의 예상이다. 인구 감소는 2056년 4,000만 명을 시작으로 1,000만 명씩 감소하는 기간이 18년, 23년, 39년이 소요되며 1,000만 명부터 500만, 300만 명으로 줄어드는 동안 속도에 탄력이 붙어 더욱 빨라진다고 설명했다.

이런 자극적인 제목과 내용은 많은 사람들을 걱정하고 불안하게 만들 것이다. 시뮬레이션은 미래에 일어날 예상치를 어떻게 설정하느냐에 따라 그 결과가 많이 달라진다. 과거 많은 나라들에서 이미 저출산을 경험했으며, 그에 따라 많은 정책과 사회 인식의 변화가 있었음을 안다면 앞으로 이런 기사보다는 저출산을 극복하고 더 인간다운 삶을 살고 있는 나라들의 사례가 많이 알려졌으면 한다.

인 가족에 대해서는 추가적인 세금 부과를 요구했다. 그 이유를 "아이를 양육하는 것은 일종의 세금으로 간주되어야 한다. 세금을 내는 것은 국가 전체의 이익을 위해 개인에게 금전적 희생을 부여하는 것인데, 이는 아버지가 아이를 양육하는 것과 같다"라고 주장했다. 이는 아이를 많이 키우는 대가족은 간접세를 많이 납부하게 되므로 직접세 감면이 공평하다는 논리로, 자녀 양육에 대한 사회적 분담을 강조하는 주장이다.[38] 사실 현재 저출산을 고민하는 많은 나라들의 문제의 근본적인 원인은 생산 노동력 감소에 따른 세수 감소와 노동력 부족과 같은 경제적 원인이 크다는 점을 생각해 보면 100여 년 전 인구동맹의 주장은 설득력이 있다. 결국, 위와 같은 인구동맹의 주장과 활동은 아이의 양육에 대한 국가와 사회의 책임을 강조함으로써 프랑스의 가족보호 정책[39]이 탄생하는 데 크게 기여하였다.

여자는 우리 사회의 미래

　최근 많은 나라에서 여성들의 사회 진출을 확대하기 위한 여성 할당제가 확대되고 있다. 2015년 취임한 캐나다의 쥐스탱 트뤼도(Justin Trudeau) 총리는 남녀 동수의 내각진을 발표해 화제가 되었다. 또한 스웨덴, 핀란드, 프랑스 등의 나라에서는 '여성 임원 할당제'를 도입하고 있다.

　남녀 역차별과 여성 혐오가 확대될 위험이 있음에도 왜 이런 제도들이 늘어나는 것일까? 전문 기관의 조사에 의하면, 회사 내 여성 임원이 많은 회사가 그렇지 않은 회사보다 수익률이 더 높은 것으로 나타났다. 이는 능력 있는 여성 탓도 있지만, 여성에게 잘 보이려는 남성들의 본능도 작용했을 것이다. 그러나 정말 중요한 사실은 당장 남성들이 역차별을 당한다는 피해 의식이 들더라도 여성들이 잘되면 결국 이 사회가 잘된다는 인식을 가져야 한다는 것이다. 또한 지금까지 남성들이 홀로 짊어지고 있던 가족 부양에 대한 스트레스에서 벗어날 수 있는 기회라고 볼 수도 있다. 결국 저출산 시대 지구의 미래는 여성에게 달려 있다고 볼 수 있다. (여성의 역할을 강조하는 것이지, 그렇다고 모든 책임을 여성에게 전가하는 것은 아닙니다.) 그러니 이 사회가 여성들에게 좀 더 힘을 낼 수 있는 기회와 환경을 조성해 주어야 한다.

두 번째 프리즘,
고령화

1. 언젠가 '노인'¹이 될, 세상의 모든 젊은이에게

모든 노년에게도 젊은 시절이

우리는 젊음을 모두 잘 알고 있다. 그 이유는 현재 그 젊음을 직접 체험하고 있거나 한때 체험했기 때문이다. 하지만 반대로 노년을 아는 사람은 소수에 불과하다. 인간의 출생부터 사망까지 연령에 따른 정신과 행동상의 변화를 연구하는 발달심리학(developmental psychology)의 주요 관심사는 아동 발달에 초점이 맞춰져 있었다. 노화에 대한 연구는 아주 미약한 편이다. 그 이유는 발달이란 아동과 청소년기의 현상이지, 나이 든 사람과는 상관없다는 편견에서 비롯된다. 노인을 포함한 성인을 기능의 쇠퇴가 이루어지는 집단으로 간주한 것이다. 그러나 최근 많은 연구를 통해 노년에 이르러 발생하는 많은 기능 감퇴가 불가피한 현상이 아니라는 점이 명확해지고 있다. 또한 인생 전반을 아우르는 발달에도 엄청난 개인차가 나타난다.

나이란 태어날 때부터 지금까지 경과한 시간을 의미한다. 예를 들어, 필자의 경우 1980년에 태어났으니 2018년 현재 39살(만 나이로 이야기해서 한 살이라도

표 2-1. 나이를 정의하는 다양한 방식

구분	의미
기능적 나이	실제 생활에 기반을 둔 나이로, 한 개인의 일상생활 수행 능력에 크게 영향을 받는다.
생물학적 나이	개인의 생존 기간에서 현재 차지하고 있는 상대적 위치를 의미한다. 따라서 생물학적 나이는 각 나라의 평균수명에 비례해서 논의된다.
심리적 나이	나이의 변화에 적응하는 자신의 능력을 나타내는 것으로 인지적·행동적 기술을 적절히 조정해 나이의 변화에 순조롭게 적응하는 사람은 그렇지 못한 사람보다 심리적 나이가 더 젊다고 할 수 있다.
사회적 나이	각각의 연령 집단 내의 사람들에게 요구되는 적절한 행동으로 나이에 대해서도 사회가 강력한 영향력을 행사함을 알 수 있다.

어려지고 싶은 건 아닙니다.)이다. 그러나 나이는 그렇게 숫자로 단순하게 규정할 수 있는 것이 아니다. 표 2-1과 같이 나이를 정의하는 방식은 다양하다. 기능적 나이, 생물학적 나이, 심리적 나이, 사회적 나이가 그것이다. 우리들이 흔히 표현하는 "나이만 먹었다고 어른이 아니라, 나잇값을 해야 어른이야"라는 말에서 전자의 나이는 태어나서 현재까지의 기간을 의미하며, 후자의 나이는 심리적 또는 사회적 나이를 의미한다. 결국 나이란 개념은 단순히 숫자로 나타내기에는 복잡하며, 다층적 의미를 가지고 있는 개념이라고 할 수 있다.

사회가 고령화된다는 사실은 인간의 수명이 길어진다는 의미일 것이다. 장수는 그동안 인류 모두의 염원이었다는 점에서 바라던 소망이 이뤄진 것인지도 모른다. 하지만 한편으로는 '길어진 노년의 삶을 어떻게 보낼 것인가'라는 문제에 직면하게 되었다. 과학과 의학 기술의 발달로 평균수명이 증가하면서 이른바 '잘 나이들기(Aging Well)'에 대한 요구가 점차 구체화되고 있다.

치명적 이데올로기

우리나라의 경우 인구 고령화 문제가 국가적 화두가 되면서부터 인구 고령화를 사회적 문제와 동일시하려는 경향이 있다. 그러나 우리는 인구 고령화에 대해 몇 가지 중요한 사실을 알아야 한다. 첫째, 인구 고령화가 무조건 사회에 부정적 영향으로 이어지지는 않는다는 점이다. 둘째, 오히려 인구 고령화는 지역 성장 측면에서 새로운 기회 요인으로 작용할 수도 있다는 점이다. 셋째, 지역의 여건과 상황에 따라 인구 고령화는 다르게 진행되고 그 영향도 다르다는 점이다. 따라서 국가 전체의 노년층 인구 비율만으로 각 지역에서 일어날 현상을 판단할 수는 없다. 마지막으로 현재의 인구 고령화 현상은 갑자기 그리고 일시적으로 나타나는 현상이 아니라는 점이다. 따라서 작금의 현상에 대한 이해도 중요하지만 정책적인 대책 마련을 위해서는 좀 더 이성적이고 장기적인 접근을 하는 것이 필요하다.

그러나 현재 일어나고 있는 고령화 관련 논의를 살펴보면 이와는 반대로 편파적인 시각이 존재한다. 그 첫 번째는 노화에 대한 그릇된 관념에서 비롯되고 있다. 생물학적 관점에서 볼 때 노화란 신체의 구조와 기능이 점진적으로 쇠퇴하는 것을 의미하지만, 인간의 발달적 측면에서 노화란 연속적으로 진행되는 자연스러운 현상이다. 그러나 현재 우리 사회의 모습은 '젊음', '동안'은 긍정적인 것으로 여기는 반면, '늙음', '노화'는 부정적인 것으로 폄하하는 분위기가 지배적이다. 이와 같은 노화에 대한 편견은 인종 차별주의 못지않게 아주 폭력적이며 우리 사회에 '치명적 이데올로기'로 작용한다. 노년층에게는 정신적 저항력을 손상시키고, 젊은이들에게는 자신들의 젊음과 아름다움이 영원히 지속될 것이라는 공허한 생각에 빠뜨릴 수 있다. 두 번째는 보살핌을 받을 사람(노년층)은 늘어나고 생산 노동력을 담당할 인구가 줄어든다는 점만 강조하고 있다는 것이다.

지금 우리 사회는 신자유주의의 확대와 경쟁의 심화 등의 문제로 직장의 정년이라는 개념이 없어진 지 오래되었다. 이는 노년층의 노후 대책의 한 축이 무너졌다는 것을 의미하며, 현대 사회는 과거와 같은 경로효친 사상이 강하게 남아 있지도 않다. 이런 상황에서 노년층이 미래의 노후를 기대할 수 있는 유일한 안전망은 자기 자신일 수밖에 없을 것이다. 결국 개인들의 이런 불안한 상황은 미래를 위한 보험 가입으로 이어진다. 최근 종합편성채널과 포털을 통한 보험 광고가 늘어나고 있는 것도 이런 불안한 상황을 반영한 것으로 볼 수 있다. 한국소비자원의 보고서[2]에 의하면 개인별 보험가입률은 생명보험이 79.3%, 손해보험이 67.9%이며 전체 보험 가입률은 92.9%라고 한다. 또한 개인들의 보험 가입 이유는 미래에 발생할 위험에 대비하기 위해서가 가장 크며, 그다음으로는 노후 자금 마련으로 나타났다.

우리가 어르신들의 노년의 삶에 대해 관심을 가져야 하는 이유는 그들이 열심히 일해 만들어 놓은 기반 위에 현재의 우리가 존재하기 때문이다. 우리는 미래에 증가할 것으로 생각되는 노년층, 특히 베이비붐 세대(1955~1963년 출생)의 실수뿐만 아니라 그들의 성공도 존중해야 한다. 예를 들어, 그들은 옷을 입기만 한 게 아니라 패션 산업을 변화시켰으며, 자동차를 사기만 한 게 아니라 자동차 산업을 바꾸어 놓았다. 또한 그들은 일만 한 게 아니라 일자리를 혁명적으로 바꾸어 놓았으며, 그들은 컴퓨터를 이용하기만 한 게 아니라 기술을 바꾸어 놓았다.[3]

노화와 노년에 대한 생각은 수명에까지 영향을 준다. 미국의 한 연구소는 1975년 미국 오하이오주에서 시작된 20년 동안의 연구 결과를 2002년에 발표하였다. 참가자들은 20년에 걸쳐 자신의 노화와 노년에 대해 어떻게 생각하느냐는 질문에 대답했다. 연구 결과, 노년을 인생의 충만한 단계로 생각하며 노인들을 긍정적으로 바라보는 사람들이 그렇지 않은 사람들보다 약 7년 6개월을 더 오래 살았다고 한다. 7년의 시간은 짧은 시간이 아니다. 이는 인간의 수명을 단축시키는 고혈압, 콜레스테롤 수치와 마찬가지로 인간의 생명에 큰 영향을 주는 것이다. 즉, 노년에 대한 긍정적 자화상과 노화에 대한 긍정적 이미지가 수명에 큰 영향을 미친 것이다. 어르신 본인뿐만 아니라 우리들의 건강한 노년 생활과 아름다운 사회 건설을 위해서라도, 결코 그들을 이 사회의 '짐'이나 '천대'받는 존재로 만들어서는 안 된다.

무너지는 인구의 균형

그렇다면 현대 사회에서 '고령화' 현상을 왜 그렇게 문제시하며 호들갑 아닌 호들갑을 떨고 있는 것일까? 그것은 고령화 현상과 저출산으로 인한 미래 인구 감소의 과정에서 발생하는 인구 구성의 세대 간 불균형 때문이다. 일반적으로 0~14세까지를 유소년층, 15~64세까지를 청장년층, 65세 이상을 노년층이라고 한다. 저출산·고령화로 인한 세대 간 불균형은 노동력을 제공하는 청장년층의 부담을 가중시킬 것이며, 이는 소득의 세대 간 재분배도 어렵게 만든다. 앞 장의 주제인 '저출산'이 현대 사회의 큰 문제가 되는 것도 저출산 자체만의 문제는 아니다. 핵심은 저출산의 심화로 인구의 고령화가 확대된다는 것이다. 또한 고령화가 심화되면 부양하는 세대와 부양받는 세대 간의 소득 재분배 문제가 세대 간 갈등으로 이어질 수 있다. 그림 2-1은 1965년 이후 나타나고 있는 출생률 감소가 우리나라 인구 구조에 어떤 영향을 주는지 보여 주고 있다. 저출산 현상으로 인해 인구 성장률은 꾸준히 낮아지고 있으며, 유소년층의 인구도 꾸준히 감소하고 있다. 특히 출산율이 1.2명까지 떨어진 2000년대 초반 인구 성장률은 1% 밑으로 떨어졌으며 청장년층 인구는 2016년 이후 감소하였다. 반면 노년층 인구는 청장년층, 유소년층 인구와 반대로 꾸준히 증가할 것으로 예상된다.

고령화 현상은 사회적으로 다양한 부분에 영향을 미칠 수 있다. 예를 들면, 노

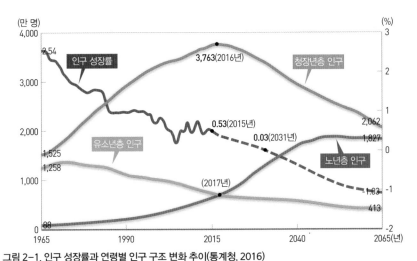

그림 2-1. 인구 성장률과 연령별 인구 구조 변화 추이(통계청, 2016)

주: 인구 증가율=(당해년도 인구-전년도 인구)/(전년도 인구)×100, 2016년 이후는 추정치임.

동시장의 구조적 측면에서는 생산 연령층이 감소하여 취업 연령층이 고령화된다. 이로 인해 경제활동 참가율이 하락하여 생산성이 둔화될 수 있다. 복지적 측면에서도 젊은 층이 부담하는 경제적 비용이 증가할 수 있으며, 의료와 사회보장 수요자의 증가로 사회복지 재정 부담이 증가할 수 있다. 산업적 측면에서는 노인과 관련한 주거, 의료, 레저산업 등 실버산업이 발달하게 되며, 문화적 측면에서도 질병, 빈곤, 소외 등의 노인 문제와 새로운 노인 문화가 형성될 것이다. 도시 구조적 측면에서는 주택이라는 물리적 개인공간과 주택을 포함한 주거환경에 변화가 발생할 것이다. 또한 노화에 따른 신체 변화에 대응한 안전한 생활환경을 구축하기 위한 편의시설 마련, 연령 혼합을 통한 사회 통합적 생활환경 구축 등을 위해 도시 설계와 도시 구조 등 여러 분야에서 변화가 나타날 것이다.

급격히 증가하는 고령화 속도

　세계 주요 국가의 인구통계를 살펴보면, 65세 이상 인구 비율이 7%에서 14%가 되는 데 소요되는 기간이 다름을 알 수 있다. 프랑스는 125년(1864~1979), 미국은 73년(1942~2015), 독일은 40년(1932~1972)이 걸렸다. 최근 가장 빠른 고령화 속도를 보인 일본의 경우도 24년(1970~1994)이 걸렸다. 그러나 한국은 일본보다 빠른 17년(2000~2017)이 소요되었다. 또한 고령화 사회에서 고령사회로의 예상 진입 시기도 갈수록 빨라졌다. 우리나라 통계청은 2003년부터 고령자통계를 작성하였다. 〈2004 고령자통계〉를 살펴보면 노년층이 14%에 도달하는 시기를 2019년으로 예상했으나, 〈2017 고령자통계〉에서는 그 시기를 2018년으로 더 앞당겨 발표했다. 그러나 2018년 통계청 발표에 따르면 우리나라도 2017년 11월 기준으로 노년층 인구가 14.2%로 조사되었다. 이처럼 노년층 인구가 꾸준히 증가하는 이유는 지속적인 저출산 현상과 사망률의 저하에 따라 평균수명이 연장되었기 때문이다. 지난 1960년대 초에는 한국의 평균 기대수명은 남자 52.7세, 여자 57.7세였던 것이, 2017년에는 남자 79.7세, 여자 85.7세로 크게 높아졌다. 이처럼 다른 국가들에 비해 급속히 진행되는 고령화 현상은 우리 사회의 인구구조를 급격하게 변화시켜 사회에 큰 영향을 줄 것으로 예상된다.

그림 2-2. 주요 국가의 인구 고령화 속도(보건사회연구원·통계청, 2017)

2. 나이를 먹는 것은 우리의 사명이다

누가 '노인'일까?

우리가 흔히 말하는 '노인'이란 어떤 사람을 의미하는 것일까? 노인에 대한 개념은 국가나 사회의 정치적·사회적·문화적·역사적 배경에 따라 다르며 현재와 미래의 사회 여건에 따라서도 달라질 수 있기 때문에 단순히 연령으로만 규정할수는 없다. 따라서 노인에 대한 체계적이고 명확한 정의를 내리기는 어렵다. 하지만 앞에서도 언급했듯이, 일반적으로 65세 이상 인구를 노년층이라 말한다. 그러나 이 또한 이론적 근거가 명확하지는 않다. 서구권에서는 노인을 'older person'으로 표기하며, 국제연합에서는 연금수급연령 등과 같은 기준을 고려하면서 국제 간 비교의 용이성을 위해 65세 이상의 인구집단을 노년층으로 구분하고 있다. 또한 유럽 통계청(Eurostat)에서는 65세 이상의 사람들을 노인으로 간주하며, 1982년 발간된 유엔의 한 보고서에서는 65세 이상 인구를 노령인구(elderly aged)로 구분했다.

그렇다면 65세 이상이 노인의 기준 연령이 된 것은 언제부터일까? 1889년 6월

22일 독일에서 세계 최초로 제정된 연금보험에서부터다. 그런데 당시 비스마르크가 노인의 기준 연령을 65세로 정한 데는 특별한 이유가 없다. 노인의 제반 특성과 합리적이고 과학적인 근거를 가지고 정한 것이 아니라, 임의적으로 판단한 것이었다.[4]

과거 우리나라에서 사용했던 교과서를 살펴보면, 노년층에 대한 연령 기준의 변화를 확인할 수 있다. 제4차 교육과정(1981.12~1987.6)에 해당하는 고등학교 『지리I』 교과서를 보면 노년층을 60세 이상으로 서술한 반면, 제5차 교육과정(1987.7~1992.9)에 해당하는 고등학교 『한국지리』 교과서를 보면 노년층을 65세 이상으로 서술하였다. 기대수명의 증가와 사회에서 느끼는 노년층에 대한 기준이 1980~1990년대 사이에 변화한 것이다.

1990년대 출판된 지리 교과서에서 노년층의 시작을 65세로 서술한 이후 약 30년이 지난 지금의 교과서와 사회의 기준은 변함이 없다. 제4차 교육과정이 만들어진 시기인 1980년 한국의 기대수명은 65세였으며, 제6차 교육과정이 만들어진 1990년은 71세였다. 그리고 2017년 한국인의 기대수명은 82.7세로 증가했다. 1980년에 비해 무려 17년이 증가한 것이다.

그렇다면 사회 통념적으로 현재의 젊은이들과 노년층이 스스로 자신을 노인이라고 인식하는 시기는 언제일까? 한 조사에 따르면 노년층이 스스로 노년기가 시작되는 시기를 70세로 응답한 사람이 가장 많으며, 그다음은 65세로 응답한 사람들이 많았다. 그러나 청소년들이 인지하는 노년기가 시작되는 시기는 60세가 가장 많았으며, 그다음은 65세였다. 이러한 결과는 노년기를 규정하는 연령 규범에 대해 노년층과 젊은층 간 괴리가 있음을 보여 준다. 이는 60대 노년층들은 스스로가 노인이라고 인지하지 않는 상황이더라도 사회적으로 노인으로 규정되고 그에 따른 사회적 역할을 강요받을 수 있음을 의미한다. 이는 일상생활에 커다란 혼란을 가져오는 원인이 될 수 있다.[5]

과거에 비해 노년층이 늘어난 현재 사회에 영향을 미치는 각종 법률은 노인을 어떻게 정의하고 있을까? 고령화시대에 노인의 삶의 질과 복지 향상을 규정하는 노인 관련 법령들의 필요성과 중요성에 비하여, 현행 노인 관련 법령들에는 그 적용 대상의 범주와 개념이 체계적으로 규정되어 있지 않다. 「노인장기요양보험법」에서는 노인을 "65세 이상의 노인 또는 65세 미만의 자로서 치매·뇌혈관성질환 등 대통령령으로 정하는 노인성 질병을 가진 자"로 정의하고 있다. 또한 「기초노령연금법」에서도 연금 지급 대상을 "65세 이상인 자로서 소득 인정액이 대통령령으로 정하는 금액 이하인 자"로 정하여, 현행 법령에서는 통상 65세를 기준으로 정하고 있는 듯하다. 그러나 「고용상 연령차별금지 및 고령자고용촉진에 관한 법률」은 55세 이상을 고령자, 50세 이상 55세 미만을 준고령자로 하여, 고용과 관련하여서는 50세, 55세를 고령의 기준으로 정하고 있다.[6] 사실 자연과학과는 달리 인문학이나 사회과학 분야에서는 완벽하고 객관적인 개념이 존재하기 어렵다. 그러나 노인에 관한 법률에서는 법의 해석과 적용의 일관성 또는 안정성을 위해서 노인의 연령 규범이 정의되어야 할 필요성이 있다.

오늘의 노인은 내일의 노인과 다르다

고령화가 급속히 진전되고 있는 현대 사회에서는 노인들의 급격한 증가와 더불어, 과거 세대의 노인들에 비해 현재 세대의 노인들은 건강이나 교육 수준 그리고 재정적인 측면에서 확연하게 향상되었다고 볼 수 있다.

표 2-2는 노인들을 시대별로 연령 집단화하여 나타낸 것이다. 한 인간의 출생과 사망에 이르는 생애사적 관점에서 살펴보면 연령 집단별로 경험의 차이가 있는 것을 알 수 있다. 2010년대에 80대인 어르신들은 일제 강점기에 어린 시절을

보내고 해방과 6.25 전쟁이라는 시대적 혼란기에 가족을 이루었다. 그리고 1960
년대와 1970년대, 전쟁의 폐허 속에서 출발한 한국의 초기 산업화 시기에 허리
띠를 졸라매고 가족을 위해 자신들의 삶을 희생한 집단이다. 2014년에 개봉한 윤
제균 감독의 영화 〈국제시장〉에서 배우 황정민의 캐릭터가 바로 이와 비슷한 세
대이다. 전쟁을 겪고, 산업화의 일꾼으로 우리나라 경제 발전을 이끌어 낸 세대
라 할 수 있다. 70대 또한 크게 다르지 않다. 광복과 6.25 전쟁의 혼란 속에서 살아
남아 어린 시절을 보냈으며, 제1·2차 경제개발계획 이후 제3차 경제개발계획을
통해 경제 성장에 박차를 가하던 산업화 시기에 가정을 꾸리기 시작한 집단이다.
2010년대 70세 이상의 한국 노인들의 생애는 이렇듯 대부분 살아남기 위한 생존
경쟁이 치열했던 세대이며, 동시에 가족에 대한 의미가 남다른 집단이기도 하다.

하지만 머지않아 노년층에서도 생각과 행동을 포함한 전반적인 삶의 형태가 기
존의 노인들과는 다른 신세대 노인들이 생겨날 것이다. 이 새로운 노년층은 1950
년대에서 1960년대 초반에 출생한 세대들, 즉 베이비부머(baby boomer)들이다.

표 2-2. 한국 사회 노인들의 시대별 집단(cohort)

연도 출생	1940 년대	1950 년대	1960 년대	1970 년대	1980 년대	1990 년대	2000 년대	2010 년대	2020 년대	2030 년대
1930년대	10대	20대	30대	40대	50대	60대	70대	80대	90대	100대
1940년대		10대	20대	30대	40대	50대	60대	70대	80대	90대
1950년대			10대	20대	30대	40대	50대	60대	70대	80대
1960년대				10대	20대	30대	40대	50대	60대	70대
1970년대					10대	20대	30대	40대	50대	60대
시대별 특성	해방	6.25 전쟁	초기 산업화 시기		민주화/ 경제 성장		고령화 사회	고령사회 (14%: 2017년)		초고령 사회
노인인구 비율(%)			2.9	3.1	3.8	5.1	7.2	10.7	15.1	23.1

출처: 이금룡, 2005 수정

이들이 노년층에 편입되는 시기는 2010년 이후로, 바로 우리 사회가 급격히 고령화되는 시기이다. 이들은 전후 세대로서 전쟁에 대한 직접적인 경험이 없고, 한국 사회가 산업화와 도시화 과정을 거치면서 경제가 고속 성장하고 있을 1970년대에 유소년기를 보냈다. 또한 이전 세대보다 교육의 혜택을 많이 받아 교육 수준이 평균적으로 높으며, 서구 문화에 직접적으로 노출되어 온 집단이다. 핵가족화가 구조적으로 진전되었던 1970~1980년대에 자신의 가정을 꾸리기 시작했고, 과거의 노년층과는 다른 가족주의 사고방식을 가졌다.

'나이 듦'이란?

우리나라는 2000년에 이미 '고령화 사회'에 진입했다. 또한 2017년 '고령사회'에 진입하였으며, 2026년이면 '초고령사회'가 될 것으로 예상된다. 이와 같은 사회의 급격한 고령화는 개인적 차원에서 '나이 듦(aging)'에 대한 성찰을 요구한다. 김용락 시인의 시는 '나이 듦'이란 어떤 것인지 간접적으로 말해 주고 있다.

나이를 먹는 슬픔

김용락

뜨락에 서 있는 나무를 보면서
문득 세월이 흐르고 한두 살씩
나이를 더 먹는 것이 슬픈 일이라는 사실을 새삼 깨닫는다
잎이 청정한 나무처럼
우리가 푸르고 높은 하늘을 향해
희망과 사랑을 한껏 펼 수 없을 만큼

기력이 쇠잔하고 영혼이 늙어서가 아니다

또한 죽음 그림자를 더 가까이 느껴서도 아니다

나이를 먹어가면서

내가 마음속 깊이 믿었던 사람의

돌아서는 뒷모습을 어쩔 수 없이 지켜봐야 하는 쓸쓸함 때문이다

무심히 그냥 흘려보내는 평범한 일상에서나

혹은 그 반대의 강고한 운동의 전선에서

잠시나마 정을 나누었던 친구나

존경을 바쳤던 옛 스승들이

돌연히 등을 돌리고 떠나는 모습을 지켜봐야 하는 것은

나이를 먹기 전에는 모르던 일이었다

돌아서는 자의 야윈 등짝을 바라보며

아니다 그런 게 아닐 것이다 하며

세상살이의 깊이를 탓해보기도 하지만

나이 먹는 슬픔은 결코 무너지지 않을 벽처럼 오늘도 나를 가두고 있다

　　마지막 줄의 "나이 먹는 슬픔은 결코 무너지지 않을 벽처럼 오늘도 나를 가두고 있다"라는 문장을 통해 시인은 나이 듦에 부정적이며, 이를 쇠락의 이미지와 연관시키고 있음을 알 수 있다. 물론 시인은 나이를 먹는다는 것이 곧 '기력이 쇠잔하고 영혼이 늙어 가는' 것만을 의미하는 것은 아니라 했다. 그것은 오히려 나 자신이 아닌 주변의 것들이 나의 의지와는 무관하게 조성되는 것들, 예를 들어, "돌아서는 뒷모습을 어쩔 수 없이 지켜봐야 하는 쓸쓸함" 때문일 것이다. 또한 내 자신이 나이를 먹을수록 주변인들이 하나둘 세상에서 "등을 돌리고 떠나는 모습"을 지켜보는 것도 고통스러운 일이며, 시인 본인이 "나이를 먹기 전에는 모르던 일"

인 것처럼 나이가 들어 내 자신이 직접 경험해 보지 않고는 알 수 없는 일일 것이다. 그런데 노년이 아닌 젊은이들이 느끼는 일반적인 나이 듦은 감퇴, 노화, 죽음, 약화, 질병 등 부정적인 요소와 관련이 큰 것은 사실이다. 그렇다면 과연 우리들은 나이 듦을 어떻게 받아들여야 할까?

그동안의 나이 듦에 대한 또는 노화에 대한 연구는 주로 부정적 측면에서 이루어졌다. 발달심리학적으로 나이 듦에 대한 전체적인 이해를 위해서는 부정적인 측면뿐만 아니라 다른 측면들도 살펴봐야 한다. 영어 단어 'aging'은 사전적 의미로는 '나이를 먹는 것'이나 '노화'로 번역된다. 그러나 'aging'은 연구자들마다 다양하게 정의하고 있다. 주로 감퇴, 변화, 발달 등 세 차원으로 설명하며 감퇴의 의미를 강조하기도 하지만, 다소 중립적이며 발달과 성숙의 의미도 내포하고 있다고 주장하기도 한다. 시간 경과에 따라 와인이 쓴맛에서 점차 부드러운 맛으로 숙성되어 가듯이, 노년에 이르러 사람들은 더 인내할 수 있게 되고, 타인의 정서를 더 잘 수용하게 된다고도 한다.[7]

나이 듦에 따라 나타나는 현상으로는 이득보다 손실이 많기는 하다. 우선 가장 눈에 띄는 변화는 신체적 변화이다. 주름은 늘어나는 반면, 운동 능력과 신체 반응 속도가 감소한다. 또한 인지적 측면에서는 기억력도 서서히 감소한다. 그리고 자신의 아내, 남편, 친구 등 주변 사람들의 죽음으로 인해 자연스럽게 사회적 관계도 감소하게 된다.

그런데 분명한 것은 부정적 측면 못지않게 긍정적인 측면이 존재한다는 점이다. 인지적 측면에서 나이 듦에 따라 감소하지 않고 성인 후기까지 유지되거나 오히려 향상되는 것으로 첫째, 결정지능이 있다. 이는 교육, 경험의 폭, 의사소통 이해력, 판단력 등을 반영하는 지적 능력이다. 결정지능은 연령에 따라 감퇴하기는 커녕 성인 후기까지 긍정적 발달을 하는 것으로 밝혀졌다. 또한 뇌 자체가 가지고 있는 특성 중 한 가지가 가소성(plasticity, 신경 시스템이 외부나 내부로부터의 자극에 반응하며 스스로의 구조, 기능 등을 재조직할 수 있는 능력)인데 이는 연습과 훈련 등 많은 외부 자극을 통해 노인들도 새로운 것을 잘 배울 수 있다는 것을 시사한다. 또한 특정한 정서적 과제를 해결하는 데 타인과의 상호작용 행동 및 견해를 이해하는 추론 능력이 연령에 따라 증가하는 것으로 밝혀졌다. 또한 나이가 들고 자아 수준이 높을수록 미성숙한 대처와 방어 전략을 덜 사용한다고 한다.

둘째, 연령 증가에 따라 부정적 정서는 감소하는 반면, 긍정적 정서는 안정적으로 유지되거나 증가하여 삶의 만족도가 더 증진되기도 한다. 이를 '정서최적화' 개념으로 설명하는데, 이에 따르면 노인들은 부정적 정서 경험을 되도록 피하고 충분한 정적 자극을 받을 수 있는 사회적 상황을 선택함으로써 자신의 주관적 안녕감을 유지하려는 능동적이고 적극적인 노력을 기울인다는 것이다.[8] 고령화 시대 성공적인 노년기를 준비하기 위해서는 노화와 관련된 위 두 가지 측면을 종합적으로 살펴보는 것이 매우 중요하다.

1988년 137명의 노인들을 사후 부검한 연구 결과가 발표되었다. 이들 중 생전에 정상에 가까운 인지 기능을 보이던 10명의 노인들에게서 뇌에 심각한 치매 병변(병으로 일어난 육체적 또는 생리적인 변화)이 발견되었다고 한다. 이와 같은 결과는 노년기에 발생하는 인지 기능의 변화가 단순히 신경학적 노화에 따른 결과물이 아니라는 것을 의미한다. 최근 복잡한 두뇌의 신경망 작동 방식이 뇌 영상(neuroimaging)[9] 연구에 의해 조금씩 드러나고 있다. 인지적 과제를 수행할 때, 노년기 두뇌는 청년기 두뇌가 동일 과제를 수행할 때 활성화하는 두뇌 영역 이외의 다른 영역들이 활성화되거나, 특정 영역을 과잉 활성화하는 양상을 보인다. 노년기에는 후두엽의 활동이 감소하고 이에 대응하기 위한 전두엽 영역이 보상적으로 과잉 활성화된다는 것이다. 그림 2-3은 전두엽과 후두엽의 활성화 차이가 나타나는 결과를 보여 주고 있는데 노년기 신경 시스템의 움직임은 신경학적 노화에 대응하여 일종의 보상적 신경망을 작동시키는 것으로 볼 수 있다.[10]

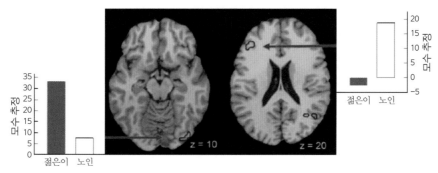

그림 2-3. 전두엽과 후두엽의 활성화 차이(김은영, 2014)

노년기 두뇌의 보상적 활동은 외부의 자극과 단서들을 목적에 맞게 효과적으로 처리한다. 또한 전두엽을 매개로 불필요한 자극이나 정보를 제어하여 조절된 인지 처리 과정이 나타난다. 그림 2-4는 젊은이와 다른 노년기의 조절된 인지 처리 과정을 보여 준다. 젊은이의 경우 조절된 인지 기능 수행은 일반적으로 초기에 보다 많은 자원(resources)을 활용하여 효과적으로 자극을 조절하는 인지 전략을 선택하고 수행한다. 반면 보상적 기능을 활용한 노인의 경우 젊은이와 달리 초기에 효과적으로 자원을 활용하지 못하고 보다 많은 자원들이 후반부에 사용된다.

이처럼 후반부에 확장된 전두엽의 과잉 활성화는 노년기의 필수적인 기억 인지 기능을 보존하기 위해 두뇌가 신경학적 감퇴에 맞서 보상적 인지 기능을 확대 가동하고 이에 따라 보다 많은 자원을 후반기에 소비한다는 것을 의미한다. 그러나 이런 보상적 인지 기능의 활성화는 자원의 조기 고갈을 동반하고, 난이도가 낮은 과제일지라도 장시간의 집중을 요구하는 과제 수행에서 노인들의 급격한 수행 능력 저하라는 결과를 가져온다. 자동차에 비유하면, 노년기 두뇌는 초반의 평탄한 도로 주행과 같은 상황에서 청년기 두뇌와 동일 속도로 달리기 위해 대부분의 연료를 미리 소모해 버리고, 이로 인해 오르막길이나 장시간 주행과 같은 상황이 닥쳤을 때 연료 고갈에 따라 제대로 주행할 수 없는 상황과 유사하다고 할 수 있다.

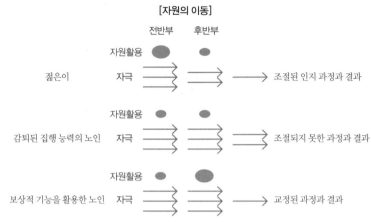

[자원의 이동]

전반부　　후반부

자원활용

젊은이　　자극　　　　　　　　　→ 조절된 인지 과정과 결과

자원활용

감퇴된 집행 능력의 노인　　자극　　　　　　　　　→ 조절되지 못한 과정과 결과

자원활용

보상적 기능을 활용한 노인　　자극　　　　　　　　　→ 교정된 과정과 결과

그림 2-4. 조절된 인지 처리과정(Velanova, 2007 수정)

그렇다면 자연적으로 발생하는 노화를 노력으로 지연시킬 수는 없는 것일까? 최근 연구들은 노화가 진행되는 노인들에게도 적극적이고 활동적인 삶을 유도하여 신체 및 인지적 자극과 활동성을 유지한다면 인지 기능 및 운동기능의 저하를 막을 수 있다고 한다. 인간의 인지 기능 및 운동기능은 아동기와 성인기까지 점차 증가하다가, 성인기 이후 노년기에 접어들면 감소하게 된다. 그리고 그 능력의 감소 패턴은 개인에 따라 다르다. 유전, 성격, 동기 등 생물학적 요인과 생활 습관, 사회문화적 배경, 운동 기회, 학습 경험 등 사회 환경적 요인들과의 상호작용에 의해 다르게 발현되기 때문에 노년기에 감소하는 신체 및 인지 기능에 따른 획일적인 대응 방안은 바람직하지 않다.[11]

노인들이 일상생활 속에서 쉽게 접근할 수 있는 인지 노화 지연 방안으로 신체 운동을 들 수 있다. 호흡과 심박수를 빠르게 하는 유산소 운동을 일정 시간 이상 지속하는 것은 노인들의 인지 능력을 유지하고 향상하는 데 도움이 된다. 유산소 운동은 광범위한 신체 자극을 통해 혈류량을 증가시키고 신진대사를 활발하게 유도함으로써 신경학적 감퇴를 억제하는 효과가 있기 때문이다. 그리고 동년

배의 존재와 그들과 함께하는 상호작용이 두뇌가 발달하는 데 영향을 주는 것으로 나타났다. 노년기 사회적 상호작용의 경험이 두뇌에 효과적인 자극으로 작용하는 것이다.

우리의 두뇌가 가지고 있는 가소성은 단순 반복이나 암기 연습과 같은 훈련으로는 활성화되지 않는다. 따라서 노년층에게 제공되는 노화 지연 프로그램에 타자와 접촉하여 상호작용할 수 있는 요소가 적극적으로 도입되어야 한다. 또한 시각, 청각, 촉각 등의 감각적인 환경 자극을 제공할 수 있어야 한다. 노년기는 분명 신경학적 손상과 노화라는 불가피한 과정에 놓여 있다. 그러나 더욱 중요한 것은 노년기 두뇌가 자체 내의 손상과 결함을 극복하기 위해 신경 시스템의 기능적 재조직을 끊임없이 시도한다는 사실이다. 그리고 이와 같은 보상적 활동의 메커니즘을 효과적으로 활용하는 훈련 프로그램을 개발하여 운영하는 것은 노년기 삶의 질을 향상시키며 독립적 삶을 연장하고자 하는 어르신들에게 실질적이며 현실적인 혜택을 제공해 줄 것이다.[12]

21세기 『걸리버 여행기』를 읽어야 하는 이유

아마도 『걸리버 여행기』를 모르는 사람은 없을 것이다. 거인국과 소인국 이야기로 아이들의 호기심을 자극하는 동화 『걸리버 여행기』는 원래 아이들이 볼 만한 가벼운 내용의 책이 아니었다. 이 책은 당시 영국의 사회상을 신랄하게 비판한 사회 비판서였기 때문이다. 조너선 스위프트(Jonathan Swift)가 심프슨이라는 가명으로 출판한 것도 선동죄나 명예훼손죄로 처벌받을 것을 걱정했기 때문이라고 한다. 결국 우려한 대로 신성 모독, 정치 풍자, 지식에 대한 조롱 등의 이유로 금서 처분되었다가, 사회를 강하게 비판한 3부와 4부가 삭제된 아동용 도서로 개작됨

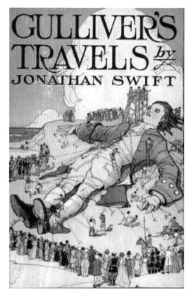
그림 2-5. 『걸리버 여행기』 표지

으로써 간신히 출판될 수 있었다.

우리가 알고 있는 『걸리버 여행기』의 내용은 책의 절반 가까이가 삭제된 아동용이다. 이 책이 우리나라에 처음 소개된 것은 1908년 최남선이 펴냈던 잡지 『소년』을 통해서였으며, 일본에서 아동용으로 만들어진 책이 전해졌다. 삭제된 3부의 '라퓨타'는 미야자키 하야오의 애니메이션 〈천공의 성 라퓨타〉의 모티브가 되었고, 4부에 등장하는 짐승같은 인간 '야후'는 인터넷 포털 사이트 야후(www.yahoo.com)의 이름이 되어 『걸리버 여행기』만큼이나 유명해졌다.

책은 크게 4개의 부분으로 나누어져 있다. 소인국 이야기가 나오는 1부에서는 영국의 정치, 사회, 종교를 신랄하게 풍자하고 있다. 예를 들면, 릴리퍼트 사람들이 '트라멕산'과 '슬라멕산'이라는 두 당파로 나뉘어 싸우는 모습을 아래와 같이 서술하고 있다.

우선 지난 70개월 이전부터 이 나라에는 두 당파가 서로 논쟁하고 있다는 사실을 이해하시길 바랍니다. '트라멕산'과 '슬라멕산'이라는 이름으로 불리는데, 그들은 자신들이 신은 구두의 높은 굽과 낮은 굽으로 당파를 구별하고 있습니다. 높은 굽이 이제까지의 제도에 가장 잘 부합된 것도 사실입니다. 그러나 지금의 국왕은 행정부나 왕궁에 관련된 모든 직책에 오직 낮은 굽을 신은 사람만을 등용하기로 결정했습니다. 당신도 보셨겠지만 국왕이 신고 있는 구두의 굽은 다른 사람들이 신고 있는 신발보다 1드러드(약 1.8mm) 정도 낮은 것입니다.[13]

이는 당시 영국의 토리당과 휘그당 간의 분쟁을 풍자한 것이다. 거인국 이야기가 나오는 2부에서는 인간 사회의 모습을 풍자하며 비판하는 내용이 나온다. 거인국 왕이 걸리버에게 들은 유럽 사회에서 발생하는 탐욕과 위선 등을 비난하며, 인간들이란 작고 간악한 벌레의 무리라고 경멸하는 대목이 그것이다.

왕은 곧 나를 좋아하게 되었다. 나의 조그마한 의자와 식탁은 왕의 왼쪽 소금그릇 앞에 놓여졌다. 왕은 나와 함께 이야기하는 것을 좋아했다. 그는 유럽의 관습, 종교, 법률, 정치, 학문 등에 대해 물어보았고, 나는 알고 있는 한 물음에 대답을 했다. 이해력이 좋은 왕은 판단력이 정확했기 때문에 나에게 아주 현명한 의견을 제시하기도 했다. 그러나 내가 무역과 육지나 바다에서의 전쟁, 종교 분열, 그리고 정당에 관해 많은 이야기를 했을 때 왕은 지금까지 받았던 교육에 의한 편견으로 좀처럼 나를 신용하려 들지 않았다. 왕은 오른손으로 나를 잡고 왼손으로 등을 두드리며 한바탕 크게 소리 내 웃었다. 그러고는 나에게 '그대는 휘그당인가 토리당인가'하고 농담조로 물었다. 왕은 로열 서브린호의 돛만큼 커다란, 하얀색의 왕홀을 가지고 뒤에 기립해 있는 대신을 향해 몸을 돌리고 '인간의 위대함이란 얼마나 하찮은 것인가'에 대해 이야기를 했다. '나와 같이 작은 벌레도 그것을 흉내 낼 수 있다니 말이다'. 왕은 계속해서 말했다. '저 생물들도 관직이 있으며, 둥우리나 굴을 파고 집이나 도시라고 부를 것이다. 옷과 마차의 모양도 서로 따질 것이다. 때로는 사랑하거나 다투며, 논쟁을 하고 속이고 배반할 것임에 틀림없다.'[14]

3부 '하늘을 나는 섬의 나라' 여행에서는 공상과 불사(不死)에 대한 욕망에 가득 찬 지식인들을 풍자했다. 하늘을 나는 섬 '라퓨타'는 무익한 공상에 잠겨 있는 사람들이 사는 섬이며, '발니바르비'는 실현 불가능한 과학적 실험에 몰두하고 있는 나라이다. '럭낵'은 영원히 죽지 않는 사람들인 스트럴드블럭이 사는 나라이며,

'글럽덥드립'에서는 죽은 사람들의 영혼을 만난다. 4부 '말(휴이넘)의 나라'에서는 '야후(인간)'를 등장시킨다. "야후들은 교활하고 심술궂고 배반적이며, 앙심 깊은 동물이기 때문이다. 그들은 건장하고 튼튼하지만, 비겁한 성격이며, 따라서 거만하고 비열하며 잔인하다."라고 설명한다. 인간의 문화란 순수한 동물들의 세계보다도 더 추악하다는 묘사는 당시뿐만 아니라 오늘날에도 적용되는 인간의 모습이라고 할 수 있다.

1726년에 쓰인 『걸리버 여행기』가 21세기에 더욱 가치를 발휘하는 것은 스위프트의 놀라운 통찰력 때문이다. 죽지 않는 인간의 불행에 대한 관찰은 죽음의 문제를 도외시하고 있는 오늘날 인간에 대해 커다란 메시지로 남는다. 이 소설에서 유한한 인생을 살며 마치 영원히 살 것처럼 행동하는 어리석은 인간의 결과가 무엇이었는지 생각해 봐야 한다.

죽지 않는, 영원한 삶은 행복할까?

인간 최대의 소망은 무병장수일 것이다. 진시황은 그 소망을 이루기 위해 어리석을 만큼 노력했던 대표적 인물일 것이다. 그가 불로초, 죽지 않는 약을 구하기 위해 많은 신하들을 세계 각 지역으로 보냈다는 사실은 그의 업적보다 널리 알려져 있다. 앞에서 살펴본 『걸리버 여행기』의 3부 또한 죽지 않는 영원한 삶에 대해 생각해 보게 한다.

걸리버는 영원히 죽지 않는 사람이 존재하는 '럭낵'이라는 나라를 여행하며 자신이 불사의 삶을 살게 된다면 어떨까 상상한다.

내가 이 나라에서 불멸의 인간으로 태어난다면 삶과 죽음의 차이를 이해하여 나

아이 갖기를 주저하는 사회

자신의 행복을 깨닫자마자, 우선 어떠한 기술과 수단이든 모두 총동원해서 부자가 될 작정이다. 절약과 재산관리를 통해서 재산을 축적하다 보면, 적어도 200년 안에는 이 왕국에서 가장 큰 부자가 될 것이라고 기대해도 된다. 그다음에는 젊은 시절의 초기부터 각종 예술과 학문에 몰두하여, 언젠가는 이 방면에서 그 누구보다도 학식이 뛰어나게 될 것이다. 끝으로 사회적·국가적 모든 조치와 주요사건을 잘 기록하고, 여러 대에 걸친 군주들과 위대한 각료들의 성격을 관찰하여 공정하게 묘사할 것이다. … 나 자신의 기억과 경험과 관찰을 가지고 희망찬 젊은이들에게 확신을 주고, 그들의 정신을 형성해 주고 지도하는 것이 나 자신의 즐거움이 될 것이다.[15]

럭낵의 죽지 않는 인간들은 30세가 될 때까지 목숨이 유한한 일반인들과 똑같이 행동한다. 그러나 30세부터 80세까지는 우울하고 의욕 없는 삶을 살다가 80세가 되면 노화되어 평범한 노인들의 어리석음과 쇠약함 등 수많은 결점들을 가지고 죽지 않는 삶을 살아간다. 그들은 젊음과 건강이 남아 있지 않은 영생은 고통일 뿐임을 보여 준다. 병 없이 오래 사는 것은 인류의 오랜 꿈이다. 고대 이집트 사람들이 시체를 미라로 만든 까닭은 영생을 소망했기 때문이다. 그렇다면 늙지 않고 젊음을 유지하며 영원히 살 수 있다면 걸리버가 말한 그 모든 것들을 이루며 살 수 있는 것일까?

시몬 드 보부아르(Simone de Beauvoir)의 소설 『모든 인간은 죽는다』는 남자 주인공 레몽 포스카가 불사의 약을 먹게 되고 그 후 700년의 세월을 살면서 벌어지는 이야기를 담고 있다. 영원히 늙지 않는 포스카는 걸리버의 생각과 다르게 무감각에 괴로워하며 산다. 유한한 삶을 사는 인간에게 주어지는 한계 그리고 그 유한한 삶이 안겨 주는 소중한 모든 행위들이 죽지 않는 포스카의 시선 아래에서는 아무 의미도 없다. 그가 사랑했던 두 여자는 모두 그의 변하지 않는 젊음을 받아들이지 못하고 그 또한 한 번뿐인 인생을 걸어야 하는 여인의 옆에서 길어야 30~40년이라는 '아주 적은 시간' 동안 자신이 받을 위안만을 생각한다. "무한 속에서 무엇이든 실질적으로 제로"이다. 인간에게 죽음이란 자기의 한계를 보여 주는 사건이다. 소크라테스의 말처럼 '지혜'가 "자기의 한계를 자각하는 데 존립한다."는 것은 죽음만이 인간의 삶의 가치를 인식하게 해 준다는 말일 것이다.

법정 스님의 『무소유』에 이런 문구가 있다. "우리가 살아가고 있다는 것이 죽음 쪽에서 보면 한 걸음 한 걸음 죽어 오고 있다는 것임을 상기할 때, 사는 일은 곧 죽는 일이며, 생과 사는 결코 절연된 것이 아니다." 죽음이 언제 어디서 내 이름을 부를지 모를 일이다. 죽음이 나를 부를 때 선뜻 '네' 하고 이승의 삶을 털고 일어설 준비를 갖추지는 못할지라도, 그럴 수 있도록 노력해야 하는 것이 삶일 것이다. (저 또한 글은 이렇게 쓰지만 죽음이 내 이름을 부르면 저 역시 '네' 하기는 어려울 것 같습니다.)

'몸짱'이 아닌 '마음짱'을 위하여

성공적인 노화(well-aging)란 과거와 현재를 수용하고, 죽음을 받아들이며, 삶의 의미나 목적을 잃지 않고 정신적으로 성숙해 가는 심리적인 발달 과정으로 볼 수 있다. 동시에 정신이나 신체상의 질병 없이 건강을 유지하면서, 사회적 네트워크도 잃지 않고 유지해야 한다. 그런데 최근 성공적인 노년을 위한 조건으로 주택의 수준이나 경제적 상황 등과 같은 객관적 기준을 주요 요인으로 강조하는 경향이 있다. 객관적 기준이 복지적 측면에서 기본적 삶을 누리기 위해 갖춰야 할 중요한 요인인 것은 사실이지만, 삶의 객관적 조건들에만 초점을 맞춰 성공적 노화를 개념화하는 것은 문제가 있다. 객관적 조건은 성공적 노화를 위한 필요조건이지 충분조건일 수는 없다.

이와 같은 관점에서 성공적인 노년을 위한 조건으로 세 가지 측면을 살펴볼 수 있다. 첫째, 생활적 측면이다. 나이 듦에 따라 자연스럽게 발생하는 부정적 변화들에 대해 미리 대비해야 한다. 은퇴 후에도 할 수 있는 사회적 활동, 기본적인 건강 관리와 노후 등을 고려해 준비해야 한다. 또한 이와 같이 노후를 준비하기 위해서는 개인의 노력뿐만 아니라 사회적 차원의 노력이 필요하다. 국가는 노년층이 참여할 수 있는 일자리를 창출하고 노년층을 위한 활동 영역을 마련해 주어야 하며, 노년층의 건강한 생활을 위해 의료 분야에서도 충분한 지원을 해 주어야 한다.

둘째, 심리적 측면으로, 자신의 객관적 환경과 상황을 있는 그대로 평가할 수 있어야 한다. 자신의 의지와 관계없이 발생하는 주변인의 상실, 그리고 자신에게 발생하는 신체적 능력의 감퇴에 대한 객관적 평가와 통제 전략을 세울 수 있어야 한다. 따라서 청소년의 발달 단계에 맞는 교육이 필요하듯, 노년층에게도 그들의 발달 단계와 그들이 자주 경험할 수밖에 없는 주변인들의 상실을 어떻게 대처해야 할지에 관한 전략과 방법을 가르치고 안내해 줄 교육적 프로그램이 필요하다.

셋째, 발달적 측면이다. 성공적 노화를 위해서는 부정적 측면에 대한 대처뿐만 아니라 나이 듦에 따라 지혜가 성장하고 발달할 수 있도록 다양한 노력을 기울일 필요가 있다. 나이가 들어 가고 경험이 축적됨에 따라 삶의 지혜가 자연스럽게 생길 것 같지만 그렇지 않다. 지혜의 발달과 촉진은 노년기에 시작되는 것이 아니다. 지혜의 발달은 유아교육에서부터 시작된다.

예를 들어, '반성적 사고' 같은 경우 초등학교에서의 역할극 게임을 통해 교육될 수 있다. 역할극 게임은 아이들로 하여금 다른 사람의 입장에서 판단할 수 있는 기회를 제공해 주며, 상대방을 이해하고 수용하는 방법을 알게 해 준다.[16] 많은 사람들은 나이가 들면서 거대한 도서관처럼 지식이 뇌에 축적된다. 즉 정신적인 노력을 많이 들이지 않고도 어려운 문제들의 해법을 찾아낼 수 있다. 이런 특성은

표 2-3. 성공적인 노년 생활을 위한 조건

구분	내용
생활적 측면	신체적 건강, 기본적 삶의 질을 유지할 수 있는 경제적 수준, 건강한 가족관계와 적정한 수준의 사회관계
심리적 측면	정서적 안정감 및 삶에 대한 자신만의 통제 전략
발달적 측면	현실을 있는 그대로 볼 수 있으며, 자신과 타인을 수용하고 공감할 수 있는 능력

출처: 저출산고령사회위원회, 2015

나이를 먹어 가는 과정에서 정신적인 활동을 꾸준히 추구한 경우에 가능한 것으로, '축적을 통한 이익'이라고 할 수 있다. 만약 술 마시는 데 삶을 소비하고 스스로 노력한 것이 없는 인생이라면 이러한 축적은 나타나지 않을 것이다. 거대한 도서관 같은 노년의 지혜는 부단한 정신적 노력의 산물인 것이다.[17]

우리 몸 속의 위, 장, 간과 같은 장기와 마찬가지로 뇌도 어떻게 관리하는가에 따라 건강하게 단련되기도 하고 그 반대일 수도 있다. 최근 '몸짱' 열풍이 부는 것에서도 알 수 있듯이, 많은 사람들이 몸을 단련시키고 예쁜 몸을 만드는 데 여념이 없다. 그런데 우리의 뇌와 마음도 정신적 활동을 통해 형성된다는 것을 이해하는 사람은 아주 드문 것 같다. 현 시대의 주류 문화는 인간의 외적인 모습, 육체의 단련에만 관심을 가지고 있다. 그러나 머지않은 미래에 인간의 내적인 마음과 뇌를 단련하는 트렌드가 아주 빠른 속도로 도래할 것이다.

노년의 우울은 우리 전체의 우울이다

만약 현재의 노년층 기준 연령을 70세 정도로 상향 조정하면 연금 비용과 같은 복지 비용을 줄이는 등 많은 문제들이 해결되지 않을까? 그러나 노인 기준 연령을 상향 조정했을 경우 발생하는 파급효과를 생각하면 그렇게 간단한 문제가 아님을 알 수 있다. 2015년 우리 정부는 제3차 저출산·고령화 기본계획을 발표했다. 계획을 살펴보면 고령자의 건강과 지식, 직업 경험 등이 과거 세대의 고령자와는 질적으로 다르며, 최근 노인에 대한 규범도 변화하는 추세이기 때문에 노인 연령 기준의 변화가 필요하다고 보고 있다. 한 조사(그림 2-6)에 의하면 2004년 55.8%가 70세 이상을 노인이라고 응답한 반면, 2014년에는 78.3%가 70세 이상을 노인이라고 응답하였다. 100세 시대가 예상되는 만큼 노인 연령 기준에 대한 재검토는 필요한 것으로 보이지만, 노인 연령 기준이 변경될 경우 사회시스템 전반에 큰 영향을 미칠 수 있다는 점을 간과해서는 안 된다.

특히, 한국 사회의 큰 문제 중 하나인 노년층의 높은 빈곤율과 자살률을 생각해야 한다. 그림 2-7처럼 한국 노년층의 빈곤율은 34개 OECD(경제협력개발기구) 가입국 중 1위이다. 2010년 65세 이상 노년층 중에서 빈곤층(중간 소득의 50% 이하인 계층) 비율은 47.2%로 절반에 가까우며, OECD 평균인 12.6%에 비해서는 4배나 많은 수치이다. 말 그대로 한국의 65세 이상 노인 둘 가운데 한 명은 빈곤층인 것이다. 또한 2007년과 비교해 노인 빈곤율이 더 높아진 나라는 8곳밖에 없는데, 한국도 그중 한 나라이다.

자살률은 더욱 심각한 상황이다. WHO(세계보건기구)는 회원국 172개국의 자살률 통계를 분석해 2014년 〈자살을 예방하다(Preventing suicide-A global imperative)〉라는 보고서를 발간했다. 보고서를 살펴보면 우선 172개 회원국을 자료의 신뢰성에 따라 국가별로 등급을 나누었다. 그중 가장 높은 신뢰성을 보인 60개국을 1등급으로 분류했고 이 중 한국도 포함되어 있다. 그림 2-8처럼 한국은 60개국 중 70세 이상 노인 자살률이 1위로 2위인 수리남과도 확연한 차이를 보여 준다. 한국은 10만 명당 116명이 스스로 목숨을 끊었으며, 수리남은 우리의 절반도 안 되는 47명이다. 가장 낮은 수치를 보인 쿠웨이트는 70세 이상 노인의 자살률이 0으로 나타났다. 고령층의 자살률은 다른 나라와 비교도 되지 않을 정

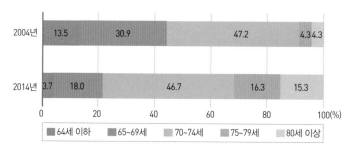

그림 2-6. 노인 연령에 대한 노년층의 인식 변화(저출산고령사회위원회, 2015)

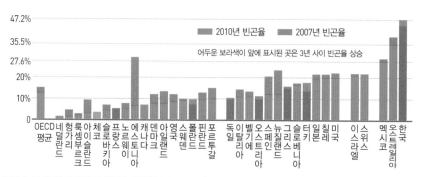

그림 2-7. 65세 이상자 중 빈곤층 비율(OECD, 2013)

그림 2-8. 70세 이상자 자살률(OECD, 2013)

도로 높은 수치를 보여 주고 있다. 한국 사회에서 스스로 목숨을 끊는 어르신들은 과거 세계 많은 나라들이 찬사를 보낸 '한강의 기적'을 이루어 낸 주역들이다. 그러나 현재 이들은 보살핌을 받지 못하고 스스로 목숨을 끊고 있다. 이것이 오늘날 한국 사회의 슬픈 현실이다.

그렇다면 노년층의 자살 원인은 무엇일까? 노인자살을 초래하는 위험 요인에 대한 논의는 다양하지만 여러 학자들과 자살 예방 전문가들이 동의하는 요인들을 정리하면, 노년기 경제적 빈곤, 퇴행적이고 만성적인 질병, 핵가족화로 인한 가족 돌봄 기능의 약화와 노인의 심리적 소외감, 그리고 의미 있는 사람들의 죽음과 같은 부정적인 상실 경험들, 그리고 이러한 환경적인 요인으로부터 비롯된 정신적인 문제, 즉 우울증이 있다. 노인의 우울증은 청년층의 우울증과는 조금 다르며, 진단도 어렵다. 또한 우울증의 증상은 심장병이나 암과 같은 다른 질병과 매우 유사하다. 이런 의미에서 노인의 우울증을 '가면 우울증'이라고도 한다. 이는 다양한 신체적 정신적 증상에 의해 우울 증상이 가려져 버린 우울증을 의미한다. 가면 우울증은 노인 본인에게 심각한 영향을 미칠 수 있다. 노인의 심각한 우울증은 자살 시도로 이어질 수 있으며, 노인의 자살 시도는 청년층에 비해 성공 확률이 높은 편이다. 그리고 노년층의 자살은 여성보다 남성에게서 더 빈번하다. 이는 남성이 우울증 진단에 필요한 증상을 표현하지 못하는 경우가 많은 반면, 여성은 자신에게 필요한 지원을 요구하는 일을 힘들어하지 않으며, 사회적 네트워크와 의료 서비스를 적절히 활용하기 때문이다.[18]

그런데 이 요인들은 노인자살 문제와 단선적인 인과관계에 머무르지 않고, 일상에서 마치 씨실과 날실처럼 얽히고설켜 노인을 위축시키고 이들이 스스로 빠져나올 수 없다는 절망으로 몰아 넣어 거대한 위기를 초래한다. 그렇기 때문에 노인자살 예방을 위한 사회적 노력은 단순히 소득 지원, 고독감 해소와 같은 일차적인 접근보다 노인이 생활 속에서 '사회가 나의 위기를 도울 수 있다'는 사회적 지

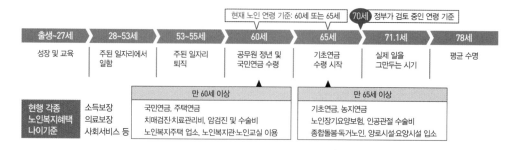

그림 2-9. 한국 남성 노동자의 고용 및 퇴직 연령

원에 대한 확신감을 느낄 수 있는 입체적이고 실질적인 장치들이 마련되어야 한다.[19]

한국 노년층의 삶의 질은 다른 나라들에 견줘 크게 낮다. 따라서 현재 복지 시스템에서 60세와 65세로 되어 있는 노인 연령 기준을 상향 조정할 경우, 제한적으로나마 받았던 복지 혜택을 받지 못하게 되는 기간이 더 늘어나게 된다. 그림 2-10을 살펴보면 한국의 경우 주된 일자리에서 대부분 60세에 퇴직(공식 은퇴)하고 있는 것으로 나타난다. 그러나 실제 노동시장에서 완전히 은퇴(유효 은퇴)하는 나이는 71.1세인 것으로 나타나고 있다. 반면 OECD 국가들의 유효 은퇴 나이는 64.1세로 나타난다. 한국의 경우 공적연금은 다른 국가에 비해 상대적으로 늦게 시작됐다. 공무원연금이 1960년에 가장 먼저 시작됐고, 이어 1963년에 군인연금이, 그리고 1973년에는 사립학교교원연금이 만들어졌으나 일반 국민을 대상으로 하는 국민연금은 1988년에야 처음으로 실시되었다. 직장 근로자를 대상으로 시작된 국민연금은 1995년에 농어촌 지역으로, 그리고 도시 자영업자에게는 1999년에야 확대되었다. 이렇게 늦게 공적연금체계가 구축되다 보니 2014년 60세 이상 인구 중 노령연금 수급자 비중은 35.3%에 불과하고 평균 연금액도 월 33만 원에 그치고 있다.

노인 빈곤 문제를 직접적으로 해결하기 위해 도입된 제도는 기초연금이다.

	남성				여성		
	공식 은퇴	격차	유효 은퇴		공식 은퇴	격차	유효 은퇴
한국	60세	11.1세	71.1세		60	9.8	69.8
멕시코	65	7.3	72.3		65	3.7	68.7
칠레	65	4.4	69.4		60	10.4	70.4
일본	65	4.1	69.1		65	1.7	66.7
포르투갈	65	3.4	68.4		65	1.4	66.4
터키	60	2.8	62.8		58	5.6	63.6
뉴질랜드	65	1.7	66.7		65	1.3	66.3
아이슬란드	67	1.2	68.2		67	1.2	68.2
스위스	65	1.1	66.1		64	-0.1	63.9
스웨덴	65	1.1	66.1		65	-0.8	64.2

그림 2-10. OECD 회원국 유효·공식 은퇴 연령의 격차(이태수, 2015)

표 2-4. 정년 제도를 개선한 해외 사례

사례 국가	개선 내용
미국	1967년 65세 미만 강제퇴직 금지(1978년 70세로 상향) 1986년 연령에 기반한 강제퇴직제도의 완전 폐지
영국	2006년 65세 이상 정년 설정을 제외하고 고용상 연령 차별 금지 고령자가 정년퇴직 이후 계속 근무를 신청할 권리의 제도화
오스트레일리아	1999년 정년 제도 폐지
일본	1994년 60세 정년 의무화, 2004년 만 65세까지 단계적 고령자 고용 안정 확보를 위해 고연령자 고용 확보 조치(정년 연장, 정년 폐지 또는 계속 고용 제도 도입) 실시 의무화

출처: 저출산고령사회위원회, 2015

2008년에 도입된 후 2014년에 개편된 기초연금은 대상자가 65세 인구의 70% 정도로 매우 넓은 반면, 연금액은 월 10만~20만 원으로 낮은 수준으로 노인 빈곤 문제를 근본적으로 해결하지 못하고 있다. 이외에도 국민기초생활보장제도가 있으나 어느 선진국에도 존재하지 않는 부양의무자 조항 때문에 65세 인구의 6%

정도만이 혜택을 보고 있는 상황이다.[20]

결론적으로 한국의 노년층은 50~60대에 일자리에서 밀려나게 되지만, 공적연금 체제의 부실로 인해 현실적으로 70세 넘어서까지 저임금의 일자리를 유지해나갈 수밖에 없는 것이다. 이런 현실 상황을 외면한 채 노인 연령 기준을 70세로 높인다면, 현재 65세부터 지급되는 기초연금 수급 시기가 늦춰지게 되고 각종 복지 혜택도 미뤄지게 된다. 이는 노년층의 삶이 현재보다 더 불안해지며 각박해진다는 것을 의미한다. 따라서 노인 연령 기준 재정립을 위해서는 노인에 대한 인식 및 실태 조사, 연령 조정의 필요성에 대한 사회적 합의, 해외 사례 분석, 노년층에 대한 고용 및 소득 보장 그리고 보건의료 지원 시스템 마련, 재정적 지속 가능성을 위한 연구 등이 선행되어야 한다.

3. 우리 사회는 이미 '초고령사회'이다

고령화의 공간적 분포

한 인구 집단의 고령화 정도는 국가적 스케일이냐, 지역적 스케일이냐에 따라 다를 수 있으며, 도시 지역 또는 농촌 지역에서도 각기 다르게 나타난다. 또한 같은 도시 지역이라 하더라도 도심이냐 주변부냐에 따라 다르다. 농촌 지역도 지역 내에서 다양하게 나타날 수 있다. 최근 대도시 주변 지역과 농촌 지역의 경우 청장년층의 인구 유출과 같은 전통적인 이촌향도 현상뿐만 아니라 조기 은퇴자 및 베이비부머(baby boomer)들의 귀농·귀촌 인구의 증가 등 다양한 원인들로 인해 고령화 현상이 새롭게 전개되고 있다. 일반적으로 농촌 지역의 인구 고령화 원인으로는 출산율의 저하, 평균수명의 연장 등 자연적 요인도 있지만, 만성적인 젊은 세대들의 이촌향도 현상이 농촌 지역 인구 고령화의 가장 큰 요인으로 작용하고 있다.

우리나라의 경우 인구 고령화 문제가 국가적 화두가 되면서부터 인구 고령화와 사회적 문제를 동일시하려는 경향이 강하게 나타나고 있다. 그러나 최근 한 연구

표 2-5. 우리나라 인구 구조의 특성

연도	총인구	노년층 인구	노년층 인구 비율(%)	유소년층 인구	합계출산율
1980	37,406,815	1,446,114	3.9	12,655,775	2.8
1985	40,419,652	1,749,549	4.3	12,094,890	1.7
1990	43,390,374	2,162,239	5.0	11,134,215	1.6
1995	44,553,710	2,640,205	5.9	10,134,215	1.6
2000	45,985,289	3,371,806	7.3	9,638,756	1.5
2005	47,041,434	4,365,218	9.3	8,986,128	1.1
2010	47,990,761	5,424,667	11.3	7,786,973	1.2
2015	48,339,559	6,408,951	13.3	6,888,615	1.2

자료: 통계청

에서는 농촌 지역의 인구 고령화 현상에 대해 다음과 같이 네 가지를 강조하고 있다. 첫째, 인구 고령화가 무조건 지역에 부정적 영향으로 이어지지는 않는다. 둘째, 인구 고령화는 지역 성장 측면에서 새로운 기회 요인으로 작용할 수 있다. 셋째, 지역의 여건과 특수한 상황에 따라 인구 고령화는 다르게 진행되고 그 영향도 다르다. 넷째, 인구 고령화 현상은 일시적이고 즉각적인 현상이 아니므로 현상적인 이해 및 정책적 측면 등에서 장기적으로 접근하는 것이 필요하다.[21] 그러나 현재 우리 사회의 고령화에 대한 이해는 무조건적인 부정적 견해가 주류를 이루고 있다. 또한 우리 모두 피부로 느낄 수 있는 지역 단위의 연구는 부족한 상태이며, 국가적 차원에서의 고령화 문제만을 다루고 있는 실정이다.

국가 전체적 스케일에서 봤을 때 우리 사회는 2000년에 '고령화 사회'로 접어들었지만, 국가 단위가 아닌 소규모 지역 단위로 들여다보면 2000년에 이미 '초고령사회'에 접어든 지역의 수가 94개에 이를 정도로 지역 스케일에 따른 차이가 크게 나타난다. 고령화 정도는 국가와 지방정부의 정책 수립에서도 우선적으로 고려해야 한다. 고령화 현상을 공간적으로 정확히 파악하기 위해서는 국가적 차원뿐만 아니라 시·군·구 또는 읍·면·동의 공간 단위로 고령화의 공간적 분포를 세분

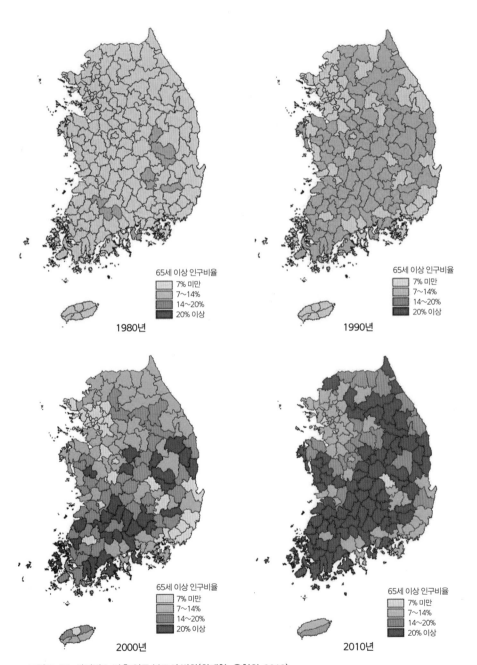

65세 이상 인구비율
7% 미만
7~14%
14~20%
20% 이상

1980년

65세 이상 인구비율
7% 미만
7~14%
14~20%
20% 이상

1990년

65세 이상 인구비율
7% 미만
7~14%
14~20%
20% 이상

2000년

65세 이상 인구비율
7% 미만
7~14%
14~20%
20% 이상

2010년

그림 2-11. 시기별 노년층 인구 분포의 변화(최재헌·윤현위, 2012)

화하고 도시와 농촌을 구분해 연구해야 한다. 특히 농촌 지역의 경우 인구 구성에서 도시와는 확연히 다른 면이 있다. 농촌 지역의 경우 전체적인 인구 규모가 크게 줄어드는 가운데 오히려 노년층 인구는 꾸준히 증가하여 노년층 인구 비율이 높아지는 반면, 도시는 노년층 인구가 증가하더라도 그 증가분이 총인구의 증가분보다 작기 때문에 오히려 노년층 인구 비율은 감소하기도 한다.

1980년부터 2010년 사이 시·군별 65세 이상 인구 비율을 나타낸 그림 2−11을 보면 전체적으로 노년층 인구의 비율이 높아지고 있는 것을 알 수 있다. 1980년 노년층 인구 비율은 3.9%였으나, 2010년 11.3%로 증가하였다. 또한 지역별로 차

표 2−6. 우리나라의 인구 고령화 속도

시도	도달 연도			소요 기간(년)	
	고령화 사회(7%)	고령사회(14%)	초고령사회(20%)	고령사회	초고령사회
서울	2005	2019	2027	14	8
부산	2002	2014	2021	12	7
대구	2003	2018	2025	15	7
인천	2006	2021	2027	15	6
광주	2005	2021	2028	16	7
대전	2006	2022	2028	16	6
울산	2011	2021	2026	10	5
경기	2005	2023	2029	18	6
강원	1992	2008	2020	16	12
충북	1990	2012	2023	22	11
충남	1988	2006	2023	18	17
전북	1990	2006	2018	16	12
전남	1988	2001	2010	13	9
경북	1986	2005	2019	19	14
경남	1994	2015	2024	21	9
제주	1996	2015	2025	19	10
전국	2000	2018	2026	18	8

출처: 통계청의 장래인구추계자료, 2010 재구성

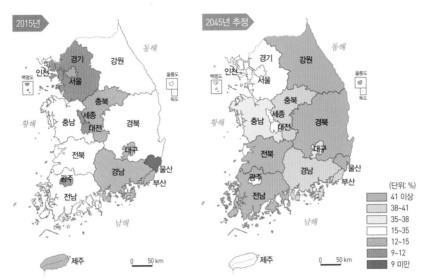

그림 2-12. 광역 자치단체별 노년층 인구 구성비(통계청, 2017)

이가 크게 나타나고 있음을 알 수 있다. 시기별로 나누어 살펴보면 1980년에는 노년층 인구 비율이 7% 이상인 지역은 남해, 군위, 성주 등 총 10개 지역으로 나타났으며, 가장 높은 지역으로는 남해군으로 8%를 기록하였다. 그러나 1990년에는 '고령화 사회'에 도달한 지역의 수가 94개로 증가했으며, 남해군의 노년층 인구 비율은 13.6%로 가장 높게 기록되었다. 이 수치는 2016년 우리나라의 노년층 인구 비율과 비슷한 수치이다.

2000년에는 노년층 인구 비율이 20% 이상인 '초고령사회'에 진입한 지역이 29개나 출현한다. 대표적인 지역으로는 기존에 노년층 인구의 비율이 높았던 의령, 임실, 남해로 각각 25.1%, 24.6%, 24.3%의 비율을 보인다. 또한 '고령사회'에 해당되는 지역도 42개나 된다. 2010년에 들어서게 되면 '초고령사회'에 진입한 지역이 163개 전체 지역 중 절반에 가까운 80개에 해당한다. 이 중에서 군위, 의성, 고흥, 임실 등은 노년층 인구 비율이 35% 이상을 기록하고 있다. 앞에서도 잠깐 언급했듯이, 우리나라가 전체적으로 '고령화 사회'에 접어드는 시기는 노년층 인구 비율이 7.3%를 기록한 2000년이다. 그러나 이를 시·군 스케일에서 살펴보면 우리나라는 이미 1980년 '고령화 사회'에 도달했다. 또한 지역적으로는 1995년에 '고령사회'에 진입했으며, 2000년에 '초고령사회'로 진입한 지역이 출현한 것은 정책 수립에 중요한 시사점을 제공한다.

수도권과 부산의 인구 고령화

우리나라의 고령화 현상은 1990년대 후반부터 본격적으로 시작되었다. 표 2-7 처럼 수도권의 노년층 인구 비율은 2015년 11.4%로 촌락 지역에 비해 낮은 편이다. 그러나 우리나라 전체 노년층 중 수도권의 노년층 비율은 같은 기간 42.5%를 차지할 정도로 절대적으로 많은 실정이다. 다만 한 지역의 고령화는 총인구가 얼마나 증가하는지 그 관계 속에서 파악해야 하는 점을 고려하여 고령화의 속도가 빠른 농촌 지역을 좀 더 주의 깊게 들여다볼 필요도 있다.

1960년대부터 1980년대 중반까지 상대적으로 도시화가 덜 진행된 지역들은

표 2-7. 전국·수도권 고령화 추이

	1995년	2000년	2005년	2010년	2015년
전국(전체 인구)	44,553,410	45,985,289	47,041,434	47,990,761	49,705,663
전국(노년층 인구)(1)	2,640,205	3,371,806	4,365,218	5,424,667	6,569,082
전국 노년층 비율(%)	5.9	7.3	9.3	11.3	13.2
수도권(전체 인구)	20,159,295	21,258,062	22,621,232	23,459,570	24,416,216
수도권(노년층 인구)(2)	902,933	1,190,963	1,642,175	2,159,722	2,794,103
수도권 노년층 비율(%)	4.5	5.6	7.3	9.2	11.4
(2)/(1)×100(%)	34.1	35.3	37.6	39.8	42.5

출처: 통계청

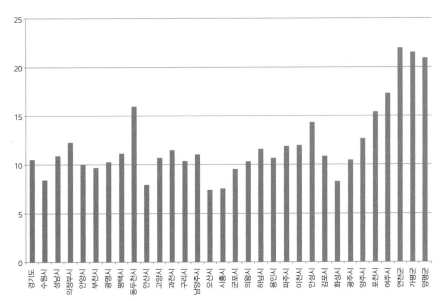

그림 2-13. 경기도의 지역별 노년층 인구 비율(통계청, 2015)

노년층 인구 비율이 높은 반면, 새로운 개발 지역과 공업기능이 특화된 지역들에서는 노년층 인구 비율이 상대적으로 낮게 나타난다. 또한 전국적인 수준에서의 고령화 수준은 인구 증가율과 도시규모와 깊게 관련되어 있다. 즉 인구 증가율이 낮을수록, 도시규모가 작을수록 고령화 수준이 높게 나타나는 경향을 보인다.

수도권 지역의 경우 1995년 노년층 인구 비율이 4.5%에서 2005년 7.3%에 도달해 전국적인 수준보다는 다소 늦게 '고령화 사회' 단계에 도달하였다. 그러나 강화군의 경우 이미 2005년에 '초고령사회'에 도달하였으며, 2010년에는 '초고령사회'에 도달한 지역이 양평, 가평, 연천으로 확대되었다. 이를 통해 수도권 지역의 고령화 전개 양상의 몇 가지 특징을 발견할 수 있다. 첫째, 서울과 연계성이 떨어지는 외곽지역부터 고령화가 심화되는 경향이 발견된다. 수도권 동부 외곽에 위치한 양평, 가평, 여주와 강화도의 고령화 수준은 시간이 지남에 따라 점차 높아지고 있다. 둘째, 서울과 인천에서는 구도심 지역의 고령화 수준이 높게 나타나고 있다. 시기별로 고령화의 전개 패턴은 도심부터 시작하여 외곽으로 확대되는 경향이 나타난다. 서울의 경우 대체로 서울 강북의 고령화 수준이 강남에 비해 더 높은 경향이 나타났다.[22] 2015년 서울의 구별 노년층 인구 비율(그림 2-14)을 살펴보면 서초구 11.1%, 송파구 10.4%, 강남구 10.7%로 서울의 다른 구에 비해 낮은 고령화 수준을 보여 주고 있다. 특히, 인천과 마찬가지로 서울 종로구 15.4%, 중구 15.3%로 구도심 지역들이 다른 구에 비하여 높은 고령화 수준을 보여 주고 있으며, 강북지역에서는 대표적으로 강북구 16%, 은평구 14%로 노년층인구 비율이 높게 나타나고 있다.

부산의 경우(그림 2-15), 노년층 인구는 주로 도심 지역과 외곽 지역에 거주하고 있어 서울과 유사한 패턴을 보이고 있다. 노년층 인구 비율이 상대적으로 낮은 지역은 사상구, 사하구, 북구, 해운대구 등이다. 사상구와 사하구는 공업 지역으

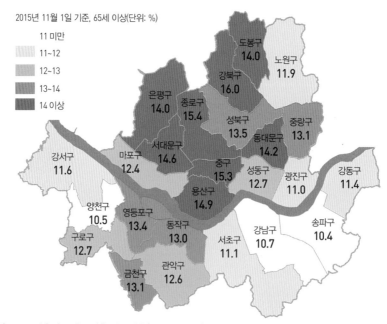

그림 2-14. 서울의 구별 노년층 인구 비율(서울시, 2015)

아이 갖기를 주저하는 사회

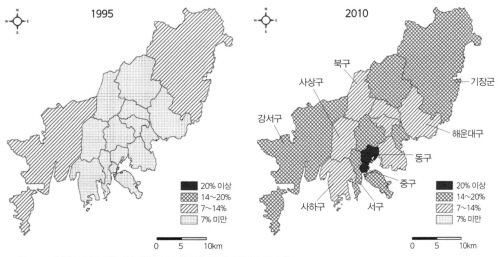

1995   2010

북구

사상구   기장군

강서구

해운대구

동구

중구

사하구   서구

20% 이상
14~20%
7~14%
7% 미만

0   5   10km

그림 2-15. 부산 노년층 인구의 공간적 분포 변화(이유미·구동회, 2012)

로 일자리를 필요로 하는 젊은 층이 많이 유입된 지역이며, 북구와 해운대구는 각각 신도시 건설에 의한 효과라고 볼 수 있다. 반면, 외곽지역인 강서구와 기장군 그리고 구도심에 해당하는 중구와 동구 지역은 고령화가 빠르게 진행되고 있다.

하지만 과거에는 외곽 지역인 강서구와 기장군의 고령화 속도가 빨랐던 반면, 최근에는 중구와 동구, 서구와 같은 구도심 지역에서 고령화가 빠르게 진행되고 있어, 도심 지역의 침체와 슬럼화 가능성이 커지고 있다.

2014년 6월 부산 중구 영주동에는 모노레일이 설치되었다. 영주동 일대는 급경사의 고지대로 생활도로가 계단길을 중심으로 형성되었다. 가뜩이나 고령인구가 많은 이곳의 노약자 및 장애인들에게 큰 어려움이 아닐 수 없

그림 2-16. 부산 중구 영주동 모노레일

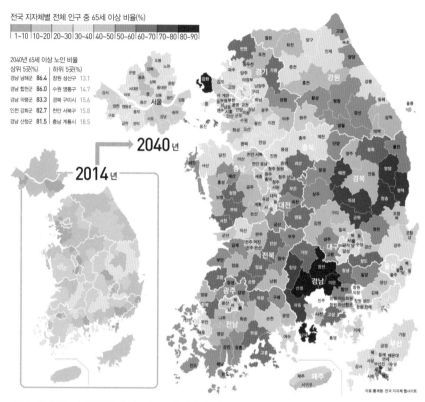

전국 지자체별 전체 인구 중 65세 이상 비율(%)

| 1~10 | 10~20 | 20~30 | 30~40 | 40~50 | 50~60 | 60~70 | 70~80 | 80~90 |

2040년 65세 이상 노인 비율

상위 5곳(%)		하위 5곳(%)	
경남 남해군	86.4	창원 성산구	13.1
경남 합천군	86.0	수원 영통구	14.7
경남 의령군	83.3	경북 구미시	15.6
인천 강화군	82.7	천안 서북구	15.8
경남 산청군	81.5	충남 계룡시	18.5

2040년

2014년

자료: 통계청 전국 지자체 웹사이트

그림 2-17. 전국 지자체별 전체 인구 중 65세 이상 비율(중앙일보, 2015.11.5.)

었다. 이에 부산 중구에서는 2011년부터 '오름길 문화 만들기' 사업을 시작하였고 모노레일을 설치하게 되었다. 영주동 가파른 계단 골목길에 설치된 8인승 모노레일 승강기는 하부에 설치된 모노레일을 타고 전기의 힘으로 고지대를 오르내린다. 급경사의 80m 구간인 영주로에서 산복도로[23]가 있는 망양로까지 이동하는 모노레일로 인해 열악했던 보행환경이 개선되었다. 2016년에는 동구 6.25 피란촌 168계단에도 모노레일이 설치되었다.

고령인구 밀도가 높은 지역은 복지와 관련된 주거 및 복지서비스 환경 개선이 우선시되어야 할 곳으로 판단할 수 있다. 앞으로 고령인구 분포에 따른 복지 수요자의 공간적 분포에 따라 복지시설 입지가 결정되어야 할 것이다.

농촌의 고령화

우리나라의 인구 고령화는 앞에서도 살펴보았듯이 다른 국가들에 비해 매우 빠르게 진행되고 있다. 특히 농·어촌 지역을 중심으로 인구 고령화가 빠르게 진행되고 있다. 그럼에도 언론과 정책의 관심은 여전히 서울, 수도권, 부산 등 대도시 지역에 관심이 집중되고 있어 인구 고령화 정책의 관심 지역에 대한 변화가 필요하다.

지역별로는 군·면 단위의 인구 고령화 수준이 심각하다. 특히 같은 시·군이라 하더라도 면 단위 인구 고령화 수준이 훨씬 높고, 심각한 것을 알 수 있다. 면 단위 지역이 전형적인 농촌 지역인 것을 감안할 때 2010년 기준 '면' 지역 중 89%가 '초고령사회'에 해당된다는 점은 정책적으로 시사하는 바가 크다. 인구 고령화 현상은 출생·사망 등 자연적 요인과 인구이동·신규 택지개발·산업단지 조성 등 사회적 요인과 더불어 복합적인 요인으로 지역에 따라 다르게 나타난다. 따라서 각 요인별로 지역 특성에 맞는 인구 고령화 정책이 필요하다.

농촌 지역은 동일한 지역(면 단위)이라도 인구 고령화 수준이 상이하다. 예를 들어, 2015년 창원시 북면의 경우 고령 인구의 비율이 12.8%인 반면, 청주시 미원면은 32%에 달해 행정구역상 같은 면 단위라 하더라도 고령화 수준의 차이가 크다는 것을 알 수 있다. 그림 2-18을 보면 시·군·구보다 읍·면·동을 기준으로 표현한 지도에서 고령화 수준이 더 높게 나타나는 것을 확인할 수 있다. 이는 동일한 시·군이더라도 읍·면 지역에 따라 고령화 정도가 다르기 때문이다. 또한 기존에 농촌으로 분류되었던 군과 도시 지역이었던 시가 통합된 도농통합시의 경

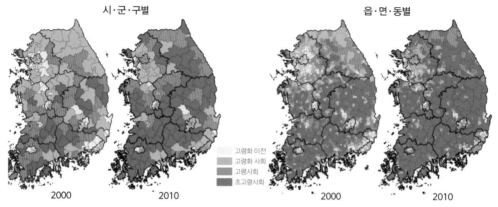

시·군·구별   읍·면·동별

고령화 이전
고령화 사회
고령사회
초고령사회

2000   2010   2000   2010

그림 2-18. 행정구역별 고령화 수준의 차이(여창환·서윤희, 2014)

우는 도시와 농촌이 공존하는 곳으로 도시적 특성과 농촌적 특성이 혼재하는 지역이다.

서울과 수도권 외곽 및 주변 지역 그리고 지방 대도시와 산업도시에서는 상대적으로 인구 고령화 수준이 낮게 나타난다. 반면 이들 지역을 제외한 경상남·북도와 전라남·북도 내륙 농촌 지역의 경우 인구 고령화 수준이 높으면서 공간적으로도 집중되어 있어 정책적으로 우선적인 배려가 요구된다. 특히 전라남도 중남부에 위치한 농촌 지역의 경우 고령화 수준이 높으면서 공간적으로 집중된 지역이 계속해서 확대되고 있어 지역 문제와 특성에 기반한 경쟁력 제고를 위한 다각적인 정책적 접근이 필요하다.[24]

요컨대 현재 농촌 지역의 인구 고령화 관련 정책으로는 노령연금, 농업 활성화 정책, 주거환경 개선을 위한 주거비 지원 정책 등이 대표적이다. 그런데 이러한 정책들은 지역별로 차이를 보이고 있는 고령화 정도를 고려하지 않은 하향식의 중앙정부 주도형 정책으로, 지역에 큰 영향을 주기 어려울 것으로 예상된다. 고령화 수준과 속도에 따라 농업활성화 정책도 차별화될 필요가 있다. 경상북도 북부, 경상남도 서북부, 전라남도 중남부 지역처럼 우리나라에서도 고령화 수준이 가장 높은 지역은 농업자금 대출, 농기계 대여 등의 기존 정책들보다는 농지연금제도, 농지규모화 정책 등이 바람직할 것이다.

우리나라의 인구 고령화 수준은 양극화되어 있으며, 고령인구 집중 지역은 농업 등 산업기반의 붕괴, 농촌의 폐촌화 등 국가 전반의 경쟁력 약화의 요인으로 작용할 수 있다. 고령인구 집중 지역을 사회 현상의 하나로 취급하기보다 중앙 및 지방정부의 적절한 정책과 대안 마련이 시급한 사회 문제로 바라봐야 할 것이다.[25]

고령화와 인적자본의 관계

일반적으로 우리 사회가 관심을 가지고 있는 인구학적 주제는 고령화와 저출산 그리고 이런 것들의 지역 간 차이일 것이다. 그런데 인구의 지역 간 차이는 곧 지역의 발전과 쇠퇴의 원인이 될 수도 있다. 과거 산업화 시대에 비해 현재 그리고 미래 사회는 물질적 자본보다는 인적자본(human capital)이 더 중요시되는 지식 기반 경제 사회로 변화하고 있기 때문이다. 따라서 인적자본의 지역 분포는 지역 발전에 중요한 요인으로 작용할 것이다.

대졸 이상의 고학력자 비중이 높은 도시 지역은 그렇지 않은 농촌 지역에 비해서 경제적으로 더 빨리 성장할 가능성이 높으며, 경제 성장과 함께 따라오는 각종 공공재(public goods)도 더 많이 제공될 것이다. 현실에서도 농촌 지역보다 도시 지역에 경찰서, 소방서, 공원 등 생활 기반시설이 더 잘 갖춰진 것을 보면 알 수 있다. 이렇게 도시로 성장한 지역은 또다시 고학력자들이 유입되어 더욱더 발전할 것이다. 결국 인적자본의 불균형은 지역 간 소득 또는 복지 불균형을 가져오는 중요한 원인이 된다.

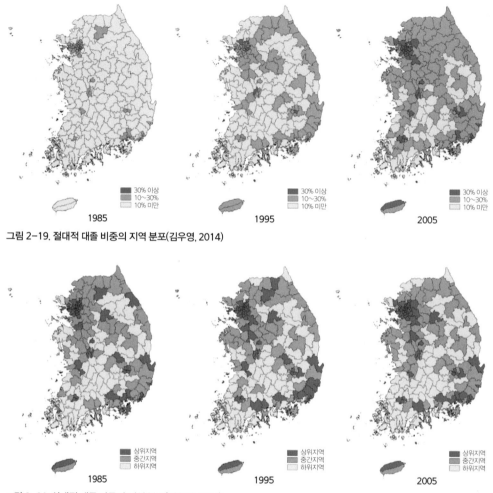

그림 2-19. 절대적 대졸 비중의 지역 분포(김우영, 2014)

그림 2-20. 상대적 대졸 비중의 지역 분포(김우영, 2014)

주: 대졸 비중 상위지역(하위지역)은 전체 지역을 대졸 비중으로 내림차순했을 때 상위(하위) 1/3에 속하는 지역이다.

그런데 앞서 살펴보았듯이 고령화의 정도는 지역마다 아주 큰 차이를 보이고 있다. 지역 간 경제 성장의 차이가 상당 부분 인적자본의 차이에 기인한다고 볼 때 고령화와 인적자본의 지역 간 불균등을 살펴보는 것은 큰 의미가 있다.

그림 2-19의 연구 결과[26]를 살펴보면 알 수 있듯이 우리나라의 대졸자 비중은

증가하고 있는 것으로 나타난다. 이는 전체적인 교육 수준 향상에 따른 것으로 지역 간 유의미한 차이를 살펴보기 위해서는 절대적 비중이 아닌 상대적 비중을 살펴봐야 한다.

그림 2-20은 대졸자 비중의 상대적 크기를 기준으로 지역을 분류한 것이다. 대졸자 비중의 상대적 분포에서 눈에 띄는 것은 1985년에 상위 30%에 속한 지역은 대부분 1995년, 2005년에도 상위 30%에 있다는 것이다. 이러한 경향은 하위 30%에도 그대로 적용된다. 이것이 의미하는 것은 1985~2005년 사이 각 지역의 대졸자 비중의 절대적 크기는 증가했지만, 지역 간 상대적 순위에는 큰 변동이 없었다는 것을 의미한다.

도시인구의 절대적 규모를 기준으로 할 때, 1985년 대도시와 소도시의 대졸자 비중 격차는 14.4%이었다. 그러나 2005년에 이르러서는 25.4%로 크게 증가하였다. 상대적 규모로 볼 때도 1985년에 격차가 10.8%에서 2005년에는 23.1%로 증가하였다. 이는 1985~2005년 사이 대도시와 소도시 간 인적자본의 불평등이 증가했다는 것을 의미한다.[27] 인적자본의 격차는 경제 성장뿐 아니라 지역 주민의 소득 수준, 지역에 제공되는 공공재, 더 나아가서 개인 삶의 질의 격차를 확대시킬 수 있다는 점에서 좀 더 심도 깊은 관심이 필요하다.

읽을거리 ○

세계 여러 나라들의 합계출산율과 노년 부양비

〈OECD Factbook 2015-2016〉을 살펴보면 OECD 가입 국가와 우리나라 간 합계출산율, 고령인구 비율의 국제적 비교가 가능하다. OECD 국가들의 1970년 평균 합계출산율은 2.76명으로 대체출산율인 2.1명을 훌쩍 넘었으나, 2013년에는 1.67명으로 급격히 하락하였다. 이에 비해 우리나라의 경우 1970년 합계출산율이 4.53명으로, 조사된 국가 중 8번째로 높았으나, 2013년에는 1.19명으로 가장 낮은 국가로 조사되었다. 여기서 우리가 주목해야 할 점은 1970년과 2013년 사이 급격한 출산율 하락을 기록한 나라들인 중국, 브라질, 터키, 멕시코 등 모두 1970년대를 전후하여 급격한 산업화를 겪은 국가들이라는 점이다. 이 국가들의 사례는 출산율 하락의 원인과 해결책을 찾는 데 도움을 줄 것이다.

65세 이상 노년층 인구의 경우 우리나라는 조사된 OECD 국가 중에서 가장 높은 증가율을 보이고 있다. 노년 부양비의 경우는 일본이 가장 높으며, 터키가 가장 낮은 것으로 나타났다. 우리나라의 경우 조사된 국가들 중 아직은 낮은 그룹에 속하지만, 노년층의 높은 인구 증가율을 감안하면 머지않은 미래에 일본과 같은 상황에 직면할 것으로 보인다. 그리고 우리나라의 경우 도시 지역과 농촌 지역의 노년 부양비의 차이가 큰 편인데, 이는 농촌에서 도시로의 청장년층 유출 현상 때문이다. 농촌의 청장년층 인구, 유소년층 인구의 부족은 새로 태어나는 유소년층의 감소를 의미하기 때문에 노년 부양비를 더욱 증가시키는 악순환이 발생한다. 따라서 저출산과 고령화 현상은 함께 관련지어 고민해야 할 것이다. 또한 뉴질랜드, 영국, 네덜란드 등의 농업 강국의 경우 농촌과 도시 지역의 노년 부양비의 차이가 없다는 점을 통해 우리나라 농촌 지역에서 젊은 층을 끌어들일 수 있는 정책이 필요함을 알 수 있다.

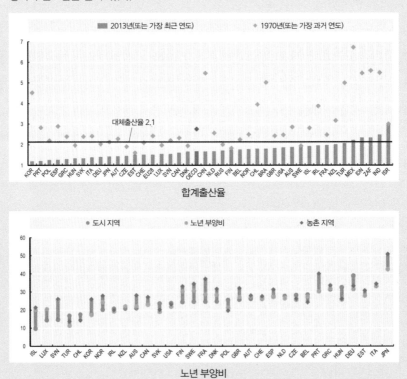

합계출산율

노년 부양비

4. 노인을 위한 나라는 있다[28]

노년층을 위한 고령공학

전체 인구에서 노년층의 비중이 늘어나는 사회에서는 노인의 삶의 질을 향상시키기 위한 고령공학(gerontechnology)이 절대적으로 필요하다. 고령공학이란 고령자가 편리하고 안전하며 건강하게 사회적 활동을 하며, 독립적인 삶을 영위할 수 있는 환경과 기술을 개발하는 학문을 의미한다. 여기서 중요하게 고려해야 할 것은 어르신들이 과연 어느 정도 인터넷과 첨단 기술 제품을 수용할 수 있는가이다.

한국인터넷진흥원이 실시한 정보화 실태 조사(그림 2-21)를 살펴보면, 2017년 한국의 20대의 인터넷 이용률은 99.9%로 거의 모든 청소년이 인터넷을 사용하는 것으로 나타났다. 또한 30대와 40대, 50대도 90% 이상의 비율로 조사되어 거의 대부분의 대상자가 인터넷을 사용하는 것으로 조사되었다. 그러나 70대 이상의 경우 그 수치가 32%로 확연히 낮아진다. 인터넷을 이용하지 않는 노년층은 심리적 특성, 첨단 기술 이용 능력, 관심의 정도 등 다양한 요인의 영향을 받는다. 그러

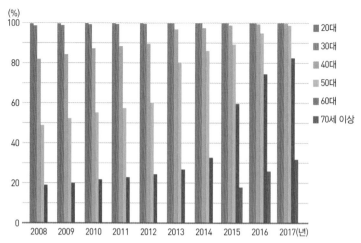

그림 2-21. 연령별 인터넷 이용률(통계청, 2018)

나 다행인 것은 한국의 노년층들이 인터넷을 이용하지 않는 이유는 인터넷 환경에 무관심해서가 아니라 '사용 방법을 잘 몰라서'인 점이다.

21세기 현대 사회에서 컴퓨터와 인터넷을 사용할 수 있다는 것은 인간이 만들어 낸 또 하나의 공간인 사이버 공간으로 진입할 수 있다는 일종의 상징적 의미를 가진다. 한국은 발달된 정보 통신 환경을 가지고 있는 사회로 웹을 기반으로 수많은 컴퓨터와 스마트폰이 네트워크화 되어 있다. 이런 사회적 상황에서 노년층의 정보 격차를 방치하는 것은 테크놀로지에 의한 또 다른 노인 소외를 만드는 것이다. 보다 다각적이고 실용적인 노인 정보화 정책과 교육은 다가올 초고령사회에 대응하는 기본적이고 기초적인 준비 작업에 해당된다.

과학기술은 이미 우리 삶 깊숙이 파고들어 있다. 노인도 이런 환경에 노출될 수밖에 없다. 예를 들면, 요즘 몇몇 종합병원의 경우 환자가 접수대에서 직원에게 진료를 신청하는 절차가 변하고 있다. 병원에 마련되어 있는 터치스크린에 인적사항과 개인 번호를 입력하면 시스템이 의사에게 대기실에 환자가 와 있다는 것을 알려준다. 진료비도 무인 접수대에서 계산하게 되어 있다. 병원뿐만 아니다.

우리 삶에 가까이 들어와 있는 기술사회의 단면

병원의 무인 접수 시스템

우체국의 무인 창구

카페, 우체국, 은행 등 과거 사람이 해 주던 많은 일들을 현재는 기계가 대신해 주고 있다. 첨단 기술과 정보 통신 기술이 급변하는 21세기를 살고 있는 현재 노인 세대는 그전 세대보다 기술의 진보를 받아들이는 속도가 놀라울 정도로 빠르다. 과거 그 어떤 세대도 일생 동안 이토록 급격한 변화를 경험한 세대는 없을 것이다.

고령공학은 다양한 방식으로 인간의 삶을 풍부하게 만들어 준다. 특히 노인의 삶을 풍요롭게 만들어 줄 수 있다. 다양한 인간관계를 통한 사회적 네트워크를 만드는 일, 새로운 정보를 구하는 것, 외부 세계와의 접촉을 유지할 수 있게 함으로써 삶의 외로움을 극복할 수 있게 도와주기도 한다. 그러나 인간과 첨단 기술 간 상호작용에서 우리가 유념해야 할 부분은 개인의 내재적 능력이 고려되어야 한다는 것이다. 병원의 무인 접수 시스템과 우체국의 무인 창구를 이용하기 위해서는 이용자가 제품을 능숙하게 조작할 것이 요구된다. 예를 들어 터치스크린의 사

그림 2-22. 핸드폰의 글자 크기 조정

용이 그렇다. 이런 시스템은 노인이 관련된 서비스에 접근하지 못하게 막는 장애가 될 수 있다. 그런데 이런 문제들에도 개인차는 나타난다. 노년층에게 나타나는 이런 개인차는 제품의 설계와 판매 전략에 매우 중요한 문제로 부각되고 있다. 제품을 설계하는 엔지니어나 디자이너들은 노화와 관련된 개인의 변화에 민감하게 대처해야 한다. 예를 들어, 과거 핸드폰이나 초기 스마트폰의 경우 글자 크기를 조정할 수 없었다. 그러나 최근에는 시력이 약해지는 노년층에 맞게 액정 화면의 밝기를 높이는 동시에 눈부심은 방지하는 기술이 보급되었다. 또한 글자 크기를 사용자가 조절할 수 있도록 맞춤식 폰트를 제공하고 있다.

노인이 많아지는 미래의 도시는?

도시는 산업화의 진행에 따라 농촌을 떠나 일자리를 찾는 사람들이 모여 살게 되면서 형성된 공간이다. 도시는 이미 현대화의 상징으로 진화하였다. 한국의 도시화는 1960년대 이후 꾸준히 진행되어 1970년대와 1980년대 급속히 이루어졌다. 통계청의 조사에 따르면 2011년 행정구역 기준으로 90.1%의 인구가, 2014년 90.5%의 인구가 도시에 거주하는 것으로 나타났다.(도시화율은 행정구역상 읍·면·동 중 읍과 동 지역에 거주하는 인구 비율이다.) 이는 OECD 회원국 34개 평균인 47%(2010년)의 두 배에 가까운 것이며, 일본의 76%, 미국의 84%보다 높고 영국의 90%와 비슷한 수치이다.(도시에 대한 기준은 국가마다 조금씩 다르다.)

한국의 도시화는 급속한 경제 성장과 더불어 빠르게 진행되어 왔다. 1960년대 이후 빠르게 진행된 산업화로 인해 노동력과 자본이 도시로 흡수되며 급속한 도시화가 발생한 것이다. 그러나 2000년대 이후 대도시의 원도심 공동화 현상과 기반시설 노후화 등의 문제로 침체되는 지역이 발생하였다. 또한 저출산·고령화 현상으로 인한 인구 감소, 그리고 생산가능인구의 감소는 도시의 활력에 큰 마이너스 요인이 되고 있다. 즉 저출산·고령화에 따라 과거 양적 팽창 위주의 도시정책은 한계에 도달하였다고 볼 수 있다. 도시 외곽을 중심으로 대규모 신도시와 산업단지 등을 개발한 과거의 무분별한 도시 확장 방식은 도시 관리 비용만을 증가시킬 뿐만 아니라, 사회적 비효율을 가져오게 된다. 또한 도심부의 활력은 떨어지며, 고유의 역사성과 문화재 훼손은 가속화될 수 있다. 따라서 과거의 개발 지향적이며 대규모 토목·건설 위주의 도시정책으로는 인구 감소와 고령화시대에 맞는 도시를 만들기 어려울 것이다.

따라서 한국보다 먼저 급격한 저출산·고령화 현상을 겪은 일본의 사례는 참

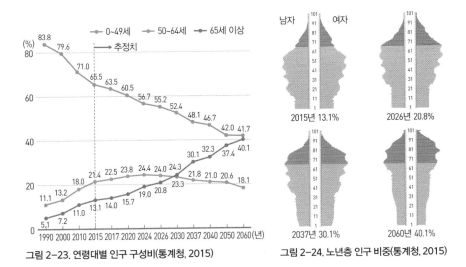

그림 2-23. 연령대별 인구 구성비(통계청, 2015)

그림 2-24. 노년층 인구 비중(통계청, 2015)

고할 만하다. 일본의 총인구는 2012년 1억 2,752만 명이며, 65세 이상의 노년층 인구는 3,079만 명으로 총인구의 24.1%였다. 또한 노년층 인구 중 65~74세 인구는 1,560만 명으로 총인구의 12.2%, 75세 이상 인구는 1,519만 명으로 총인구의 11.9%로 나타났다. 이는 일본의 인구구조가 노년층 중에서도 좀 더 고령의 인구가 많다는 것을 의미한다. 일본의 65세 이상의 노년층 인구는 1950년 5% 정도였던 것이 1970년 7%를 넘어섰고 1994년에는 14%로 증가하여 '고령사회(aged society)'로 진입했으며, 2012년에는 24.1%에 달해 '초고령사회(super-aged society)'에 진입했다. 2012년 국립사회보장·인구문제연구소가 발표한 〈일본의 장례인구추계〉에 의하면 일본의 총인구는 2010년을 정점으로 인구 감소단계로 진입하여 2016년 총인구가 약 1억 2000만 명으로 감소하고 2048년에는 9,913만 명으로 감소할 것으로 예상하였다.[29] 또한 고령화 현상과 함께 저출산과 삶의 방식의 변화로 인해 평생 독신으로 생활하는 비혼가구 및 만혼가구, 배우자와 사별하거나 비혼함에 따라 혼자 사는 1인가구의 비율이 점차 증가할 것으로 예상된다.

그렇다면 1인가구가 늘어나고, 인구는 감소하지만, 고령층이 증가하는 도시는 어떤 환경이어야 할까? 나이를 먹을수록 자동차나 자전거를 이용하는 것이 힘들어짐에 따라 일상생활에서 도보에 의한 이동이 중요해지게 된다. 이를 위해서는 도보권역(걸어서 생활하는 범위)에 일상생활에 필요한 시설과 서비스가 충족되어야 한다. 예를 들어, 편의점, 마트, 공원, 카페, 은행, 우체국 등이 도보권역에 있어야 하는 시설들이다. 반면에 걸어서 가기 어려운 거리에 있는 시설을 광역이용시설이라고 하는데, 백화점, 쇼핑센터, 종합병원, 문화센터 등이 해당한다. 이 시설들을 이용하기 위해서는 거주지에서 접근하기 쉬운 장소에서 이용할 수 있는 공공교통수단이 필요하다. 고령화에 대비한 이와 같은 도시를 집약형 도시모델, 유사한 개념으로 콤팩트 시티(compact city), 축소도시(shrinking city) 등으로 설

아이 갖기를 주저하는 사회

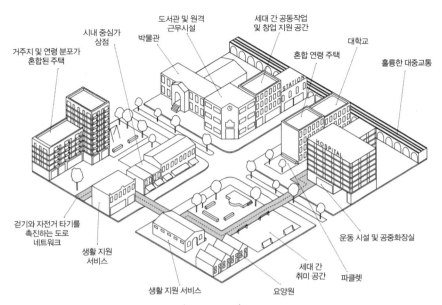

거주지 및 연령 분포가
혼합된 주택

시내 중심가
상점

도서관 및 원격
근무시설

박물관

세대 간 공동작업
및 창업 지원 공간

대학교

혼합 연령 주택

훌륭한 대중교통

걷기와 자전거 타기를
촉진하는 도로
네트워크

생활 지원
서비스

생활 지원 서비스

운동 시설 및 공중화장실

세대 간
취미 공간

파클렛

요양원

그림 2-25. 보행자 중심의 도시 중심지 구조(MDAG, 2016)

명할 수 있다. 집약형 도시구조는 "역을 중심으로 걸어서 생활할 수 있는 권역에
상업, 업무, 주택, 서비스나 문화 등의 다양한 도시기능이 적절하게 배치·연계되
어 있으며, 경관이나 역사·환경 등이 구비되어 있는 매력적이고 안전한 공간"을
의미한다. 주요 특징으로는 네 가지가 있다. 첫째, 도시 내 주요 시설에 접근할 수
있는 양질의 버스·철도와 같은 교통시설 그리고 타 지역으로 접근이 가능한 공
공교통시설을 확보해야 한다. 둘째, '걸어서 생활할 수 있는 환경'을 실현해야 한
다. 셋째, 중심 시가지를 제외한 교외 지역의 시가화를 억제하고 생활환경이 악화
되지 않도록 저밀화를 유도한다. 넷째, 에너지 소비량이 적은 친환경 도시 실현이
다.[30]

우리나라의 일부 도시도 집약형 도시 구조로 변화가 필요해 보인다. 그 이유
는 일본과 같이 우리도 머지않은 미래에 초고령사회에 도달하며, 인구 감소 시대
에 접어들기 때문이다. 우리나라의 총인구는 2030년 정도까지 지속적으로 성장

할 것으로 예상되고 있으나, 이미 1990년부터 지방 중소도시를 중심으로 인구 감소 현상이 나타나고 있다. 수도권을 제외한 지역 중 인구 규모가 20만 명 이하인 소도시의 경우 인구 감소 경향이 뚜렷하게 나타나고 있다. 대도시 인구는 2011년부터 감소가 시작되었으며, 서울은 2009년, 부산은 1995년, 대구는 2001년부터 인구가 감소하고 있다.

전국의 시군 인구증감률을 살펴보면, 인구가 성장한 지역으로는 수도권과 충청 북부 지역, 강원도 서쪽 지역과 대구광역시

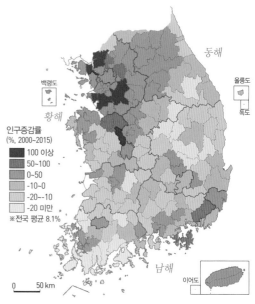

그림 2-26. 전국 시군 인구증감률(2000~2015)(통계청, 2016)

표 2-8. 주요 도시의 실제 인구 변동과 도시기본계획 목표 인구의 차이

구분	실제 인구(명)				도시기본계획 인구(명)				
	1990년	2010년	2015년	증감	기준 연도	목표 연도	자연적 증감	사회적 증감	증감
삼척시 (강원도)	110,557	67,454	69,590	37% ▽	74,577 (2004)	100,000 (2020)	77 ▽	25,500	34.1%
공주시 (충청남도)	158,067	122,153	113,542	28% ▽	133,012 (2002)	210,000 (2020)	16,612 ▽	93,600	57.9%
남원시 (전라북도)	124,524	78,770	80,499	35% ▽	101,950 (2004)	130,000 (2025)	1,950 ▽	30,000	27.5%
나주시 (전라남도)	158,634	78,679	92,582	42% ▽	99,308 (2004)	150,000 (2020)	10,410 ▽	61,236	51.0%
밀양시 (경상남도)	133,043	99,128	103,069	23% ▽	112,451 (2007)	190,000 (2020)	9,131 ▽	69,000	69.0%

출처: 통계청·도시기본계획, 2013~2015

표 2-9. 고령자에 따른 건강·의료·복지 만들기 정책(안)

구분	커뮤니티 활동 활성화	도시기능 확보	보행 공간	대중교통 이용 환경
건강한 고령자	지역커뮤니티 활동, 직업 연계 지원, 간호 봉사 활동	건강·의료·교류· 상업·공공시설 확보	자동차교통관리, 보행자 네트워크 정비, 생활도로 보행자 우선 정책	마을버스 개선, 마중버스 등 수요 대응형 교통 확충, 대중교통 이용 촉진
간호가 필요한 요양 고령자	재택 케어 생활 환경 정비	건강·의료·복지·교류·취업기능 확보	생활권 내 도보환경 정비, 보행 지원	대중교통 이용성 향상, 대중교통 이용 지원
치료 재활 고령자	지역커뮤니티 교류	의료기능 확보	외출하기 쉬운 보행 환경 개선	대중교통 개선

출처: 이동우, 2015 재인용

주변 지역, 거제와 광양 같은 산업단지가 들어선 지역 등이 있다. 반대로 인구가 감소한 지역은 광범위하게 분포하고 있다. 그러나 인구가 감소하는 대부분의 지방자치단체에서는 인구 감소 현상을 인정하고 있지 않은 상황이다.

실제 인구 변동과 도시기본계획 목표 인구의 차이를 보여 주는 표 2-8을 통해 알 수 있듯이 1990년보다 2015년 20~40% 가까이 인구가 감소한 도시들 모두 미래에 30~60% 이상 인구가 증가할 것으로 예상하고 있다. 이들 지역 모두 자연적 인구 감소는 인정하고 있으나, 미래 대규모 개발 사업을 통해 사회적 인구 증가가 발생할 것으로 예상하고 있다. 이는 앞으로의 정책 방향이 인구 성장을 위한 개발 사업에 초점이 맞춰져 있다는 증거이다. 지금까지의 도시기본계획은 지속적으로 도시가 성장한다는 것을 전제로 계획이 수립되고 있다. 이는 미래에 빈 건물 등 유휴시설의 증가로 이어져 큰 사회 문제가 될 수 있다. 따라서 중앙정부는 기존의 도시계획 지침을 수정하여 인구 감소 도시에 부합하는 도시기본계획의 틀을 제시하고 이를 준수하는 지역에 대한 차등적 재정보조 등 혜택을 제공해야 할 것이다.

인구 감소 시대에 접어들 미래의 도시는, 규모는 작지만 지역 주민들이 행복하며 도시의 개발밀도와 토지이용 변화를 통하여 도심을 활성화할 수 있는 집약형

그림 2-27. 영국의 테이트모던 미술관

도시 모델 개념을 적극적으로 적용해야 한다. 이를 위해서는 지역 공동체를 활성화하고, 도시 서비스의 질적 수준을 향상시켜 삶의 질 향상을 위한 노력이 필요하다. 영국 런던의 테이트모던(Tate Modern) 미술관처럼 버려진 시설을 문화시설 및 주민복지를 위해 활용한 사례를 참고할 필요가 있다. 빈 사무실, 근대문화유산, 산업시설 등 인구 감소로 발생할 수 있는 다양한 시설을 창의적으로 활용하여 주민 복지 향상에 도움을 주며, 도시정책에 사용될 비용은 절감할 수 있을 것이다. 하나의 도시가 성숙 단계에 이르면 삶의 질, 문화·역사 자산 등 새로운 가치에 대한 정책 수요가 증대하게 된다. 따라서 물리적인 개발 사업에서 탈피하여 사회적·문화적·경제적 재생이 고려되는 종합적인 도시재생 정책이 필요하다.

기존의 도시공간을 노인 친화적으로 만들기

고령자에게 친화적인 도시환경을 만들기 위해서는 우선 고령자들의 특성에 맞는 도시환경 구조가 중요하다. 또한 자동차 중심의 라이프스타일(Life Style)에 규격화된 기존의 도시를 고령자 관점에서 수정해야 한다. 안전하고 편하게 걸어서 슈퍼마켓에서 장을 보고 병원에 다닐 수 있는 도보 중심의 도시를 만들어야 한다. 걸어서 생활할 수 있는 도시에서 주민들이 건강과 복지와 의료를 모두 충족할 수 있는 거주환경을 만들어야 한다.

또한 고령자에 대한 교통안전 대책을 강화할 필요도 있다. 현재 우리나라의 교통체계는 신체가 건강한 비장애인 및 청장년층에 맞게 구축되어 있어, 장애인과 어린이 그리고 고령자에 대한 배려가 부족하다. (저 또한 신체 건강한 남성임에도 횡단보도를 건널 때 중간에 빨간불이 들어와 난처한 적이 몇 번 있었습니다. 신호등 작동 시간이 좀 짧은 것 같습니다.) 그런 영향 때문일까? 2013년 전체 교통사고 사망자에서 65세 이상 노년층 인구의 사망자 비율은, 전체 인구 비율에 비해 3배 정도 많은 36%를 차지하고 있다.

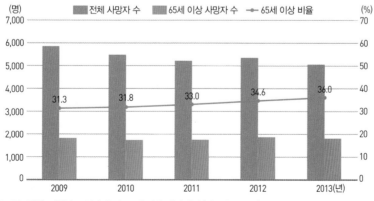

그림 2-28. 전체 교통사고 사망자 및 65세 이상 사망자 수(이동우, 2015)

또한 표 2-10처럼 우리나라의 노인인구의 보행 중 교통사고 사망자 수는 34.6명(2010년)으로 OECD 회원국 중 가장 많으며, 교통사고 사망자의 절반가량은 보행 중에 사고가 발생했다. 일반적으로 어르신들은 젊은 층에 비해 신체능력이

그림 2-29. 노인보호구역 표지판

저하되어 보행속도가 느리고 교통상황에 대한 반응이 더딜 수밖에 없다. 특히 겨울철에는 두꺼운 복장으로 인해 사고 확률이 더 높은 것으로 나타났다. 따라서 운전자들은 어르신의 통행이 빈번한 곳에서는 반드시 주위를 잘 살피고 횡단 중인 어르신이 있을 경우 횡단을 마칠 때까지 기다리는 여유 있는 운전 자세가 필요하다. 정부에서는 2008년부터 노인보호구역인 실버존(Silver Zone)을 지정·운영하고 있다. 실제로 노인들이 많이 통행하는 구간에서는 차량속도가 30km로 제한되며, 도로 표면에는 큰 글씨로 노인보호구역이라는 글자와 함께 제한속도를 눈에 잘 띄는 곳곳에 표시하고 있다. 2015년부터는 실버존 역시 스쿨존과 동일하게 주정차 위반 8만 원, 신호 위반 12만 원과 벌점 60점 등 처벌 규정이 강화되었다.

도시보다 저출산·고령화의 영향을 크게 받는 지역은 농촌 지역이다. 또한 농촌 지역은 앞으로 추가적인 인구 감소가 불가피해 보인다. 과거 인구 증가 시대에는 좁은 국토를 넓게 쓰는 것이 국민의 삶의 질을 높이는 길이었으나, 인구 감소 시대에는 넓은 국토를 좁게 쓰는 것이 국토를 효율적으로 이용하는 방법이라고 할 수 있다. 그림 2-30처럼 도로를 중심으로 연결되어 있는 인구가 적은 마을 중심의 정주체계에서 벗어나 교통 요충지에 집약화된 거점 마을 중심의 정주체계를 만들어야 한다. 대체로 1개의 면 지역에 3~4개 정도의 거점마을을 형성해 면소재지 농촌 마을을 활성화할 수 있다.[31]

앞에서 살펴본 것처럼 우리나라의 노인인구 증가는 노인자살률, 노인빈곤율 증

표 2-10. OECD 주요 회원국 노인 교통사고 사망자

국가	인구 10만 명당 명
미국	14.2
영국	5.0
일본	10.5
독일	6.5
프랑스	7.9
오스트레일리아	8.3
한국	34.6

출처: OECD, 2010

가와 같은 심리적·경제적 소외감을 기반으로 한 문제를 동반하고 있다. 특히 높은 노인 자살률의 원인으로 건강 악화, 경제적 어려움, 외로움 등이 있었는데, 그중에서 건강 악화가 자살의 큰 원인으로 작용한 것으로 보인다. 그러나 독거노인의 경우에는 경제적 어려움과 외로움이 건강보다 자살의 더 큰 원인으로 작용하는 것으로 나타나고 있다. 이는 이들에게 경제적 어려움과 외로움이 덜했다면 현재보다 자살률이 더 낮아질 수 있었을 것이라고 생각할 수 있다. 따라서 개인의 주거 공간 개선을 통한 노년층 자살 문제를 해결할 수 있는 실마리를 생각해 볼 수 있다.

인간의 심리적 외로움과 만족도는 개인의 주거 공간과 관련이 있다. 노인들을 위해 특화된 주택인 노인주거복지시설을 확대하여 노인문제를 해결할 수 있다. 전문화된 시설과 서비스는 어르신들의 심리적 만족도를 높일 수 있기 때문이다. 하지만 노인주거복지시설의 높은 분양가는 경제적으로 소외된 어르신들에게는 넘을 수 없는 벽이다. 따라서 기존 노인들이 거주하는 단독주택이나 아파트의 주거 개선을 통해 어르신에게 적합한 주택으로 변화시키는 것을 고려해야 한다.[32]

어르신의 신체적·심리적 변화에 대응할 수 있으면서 어르신 스스로 소외감을 극복할 수 있는 새로운 주택으로 코하우징(Cohousing)을 시행할 수 있다. 코하우징은 개인(세대)공간과 생활공간을 공유하는 주거 유형 중 하나로, 영구임대아파트에 코하우징 방식을 도입한다면, 어르신들이 큰 부담 없이 서로 협력하고 위로해 주며 함께 생활할 수 있는 주택이 될 수 있을 것이다.

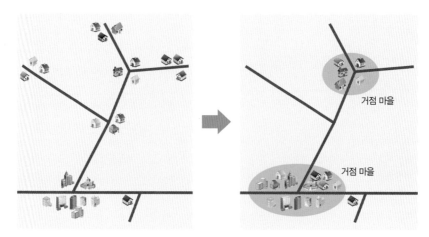

그림 2-30. 분산형 거주체계에서 거점마을 중심의 거주체계로 전환(이동우, 2015)

고령친화도시

전 세계의 60세 이상 고령자 비율은 2006년 11%에서 2050년 22%로 증가할 것으로 보인다. 이에 따라 세계보건기구(WHO)에서는 고령친화도시(Age-friendly City) 인증제도를 만들었다. 고령친화도시의 개념은 전 세계적으로 증가하고 있는 도시화와 인구고령화에 따른 사회적 파급효과에 효과적으로 대응하기 위한 방안으로 활동적 노년 생활(Active Aging)을 위한 포괄적이며 접근 가능한 도시 환경으로 정의할 수 있다.

WHO는 2009년 12월 고령화에 따른 국제적 대응을 유도하기 위해 각 국가의 도시특성을 반영한 고령친화도시 조성을 독려하는 'WHO 국제고령친화도시 네트워크'를 구축하였다. 2010년 미국 뉴욕이 최초로 고령친화도시로 인증을 받았으며, 2015년 기준으로 스위스 제네바, 미국 워싱턴 DC·시카고·뉴욕·포틀랜드, 벨기에 브뤼셀, 캐나다 오타와 등 26개국 210개 도시가 회원도시로 가입되어 있다. 서울시는 2011년 고령친화도시 구현을 위한 노인복지 조례 제정, 고령친화도 조사, 이슈 및 전략과제 개발, 2012년 실행계획 및 시민 참여형 정책평가체계 수립을 통해 2015년 WHO 국제고령친화도시 네트워크 회원도시로 가입할 수 있게 되었다.

그림 2-31. 국제 고령친화도시 네트워크에 가입한 서울시

WHO는 고령친화도시 가이드라인을 통해 8가지 기준을 제시하였다. 기준 내용으로는 첫째, 안전하고 고령 친화적인 시설이 있을 것, 둘째, 편리한 교통 환경, 셋째, 편리한 주거 환경, 넷째, 지역사회 활동에 참여, 다섯째, 존중과 포용하는 자세, 여섯째, 고령자가 참여할 수 있는 풍부한 일자리 마련, 일곱째, 다양한 정보 제공, 여덟째, 수준 높은 지역 복지 및 보건 서비스 제공이다.

앞에서도 언급했듯이, 지금까지의 일반적인 도시 개발은 인구 증가를 전제로 진행되었다. 일정 규모 이상의 아파트 단지가 건설되면 초등학교 또는 중·고등학교를 만들게 되어 있고 이를 중심으로 거주 공간이 구성되었다. 즉 공간적으로 학교를 중심으로 학령기 아동을 둔 부모 세대 위주로 구성되어 온 것이다. 따라서 청장년층 중심 도시가 자연스럽게 만들어졌다고 볼 수 있다. 하지만 미래의 고령친화도시는 어르신들뿐만 아니라 어린이, 장애인 등 우리 사회의 약자를 배려하고 모든 구성원들을 위한 사람 중심의 도시가 되어야 할 것이다.

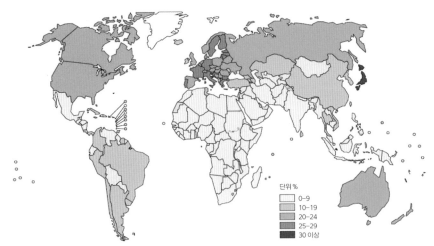

그림 2-32. 2015년 60세 이상 고령자의 비중(WHO, 2015)

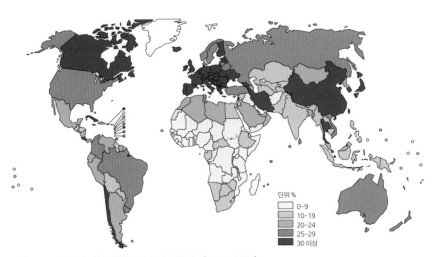

그림 2-33. 2050년 예상 60세 이상 고령자의 비중(WHO, 2015)

세 번째 프리즘,
맬서스

1. 세계를 떠도는 맬서스라는 유령

6,300원의 황제 식사

2010년 7월 최저생계비 논의가 사회의 중요한 이슈였다. 많은 사회단체, 국회의원들이 최저생계비 체험에 참여했다. 그중 차○○ 의원의 체험기가 큰 논란이되었다. 그는 최저생계비로 하루나기 체험에 나선 후 '황제의 식사'라는 체험기를 자신의 홈페이지에 올렸다. 차 의원은 "쌀 800원어치 한 컵, 쌀국수 한 봉지 970원, 미트볼 한 봉지 970원, 참치 캔 1개 970원 등 전부 합해 3,710원 정도면 세끼 식사용으로 충분"했다며, 최저생계비로도 충분히 만족스러운 삶을 살 수 있음을 몸소 실천하였다고 강조했다. 또한 그는 자신이 가지고 있는 돈 중 1,000원을 시각장애인을 위해 쓰는 선행까지 베풀었다며 자랑했다. 저녁을 먹은 뒤에는 무려 970원짜리 황도를 구입해 간식으로 먹었다고 한다. (돈이 궁했던 대학 시절 과일을 사먹는 자취생은 거의 없었습니다. 그건 사치였습니다. 그래도 가끔 과일이 먹고 싶을 때 먹었던 게 깡통에 든 황도였습니다. 그래서 저는 당시 이 기사를 보고 화가 났습니다.) 다음 날 아침에는 남은 돈 600원으로 일간지를 사서 읽는 문화

아이 갖기를 주저하는 사회

생활까지 즐겼다고 한다. 차 의원의 핵심적인 주장은 그의 체험기 마지막에 잘 드러나 있다. "솔직히 마음이 편하다. 평소에 지역구 걱정, 밀리는 스케줄에 정신이 없었다. 밥도 제대로 끼니 찾아 먹은 기억이 없다. 그런데 지금은 앉아서 하루 일기도 쓰고, 밥도 꼬박 세 끼 먹고 했다. 난 왜 크게 불편이 없었을까? 내 식대의 1/6을 할애해서 사회복지 사업까지 했다. 술 취한 극빈자 속 푸는 약을 사 드렸다. 왜 이것이 가능했을까? 나는 건강하고 또 젊었기 때문이다. 그래서 인터넷으로 싼 식자재 정보도 얻었고, 내 발로 몇 번씩 알뜰구매를 위해 돌아다녔다. 최저생계비로 생활하기의 답은 여기에 있지 않을까? 단지 돈 몇 푼 올린다고 될 것이 아니다. 최저생계비로 사는 분들께 건강한 삶, 미래를 설계할 수 있는 삶, 좋은 정보를 주는 네트워크를 만들어 드리는 것이 필요하다. 그게 돈 몇 푼 올리는 일보다 더 힘들 수도 있겠다. 그렇지만 그게 답이다. 구체적인 모습은 앞으로 내 숙제인 것 같다."

차 의원에게는 최저생계비를 6,300원에서 7,000원, 7,500원으로 올리는 게 '단지 돈 몇 푼'에 불과할 수 있다. 어차피 그는 이 돈으로 살지 않기 때문이다. 또한 '미래를 설계할 수 있는 삶'에 필수적인 '좋은 정보'라는 것도 결국 자본의 힘에 의해 유통된다는 사실을 그는 알지 못한다. 왜냐하면 그는 좋은 정보를 얻을 수 있는 이 사회의 최상층부에 있는 사람이기 때문이다. (왠지 2010년 최저생계비 논란이 2018년 최저임금 인상 논란과 비슷하다고 느끼는 건 저뿐일까요?)

맬서스 이야기를 시작하며 좀 오래전 일인 최저생계비 에피소드를 꺼낸 이유는 이와 유사한 주장들이 이미 과거에도 존재했고, 이것이 맬서스를 이해하는 출발점인 중상주의[1]와 관련이 있기 때문이다. 중상주의는 기본적으로 상품을 싸게 생산해 외국에 수출해야 최대의 국익을 얻을 수 있다고 주장한다. 그러기 위해서는 노동자들의 임금을 최저로 책정해야 하며, 이를 위해서는 인구가 늘어나야 했다. 즉 중상주의 인구관에서 가장 중요한 것은 인구의 양이지 질이 아니었다. 중상주의에 따르면 노동자의 임금은 생명을 보존할 정도면 충분했으며, 그 이상이 되어서는 안 되었다. 중상주의자들은 노동자들에게 여분의 돈이나 여가 시간, 교육의 기회 같은 것들이 발생되면, 사회가 나태와 악으로 물들게 될 것이라 여겼다. 이것은 국가 경제에 부정적 영향을 끼칠 것이라고 주장하였다. 그러나 중상주의자들의 이런 주장은 이후 국가의 부가 증가하고, 인구가 증가할수록 부랑자와 범죄가 증가하는 과잉 인구 문제를 가져오면서 힘을 얻게 되고, 이는 18세기 맬서스의 인구론이 나타나는 시대적 배경으로 이어지게 된다.

맬서스 이전의 인구 이론

대표적인 고대 인구 이론으로 중국과 그리스의 사례를 살펴볼 수 있다. 과거 중국에서는 출산을 강조하는 유교 사상의 영향으로 인구 증가에 대한 긍정적인 인식이 지배적이었다. 효와 가부장 문화를 중시하는 유교 사상에서는 남아(男兒)의 출산이 절대적 의미를 가지고 있었다. 이런 인식은 최근까지도 중국과 우리나라의 출산에 강력한 힘으로 작용하였다. 한편 도시국가로 이루어졌던 고대 그리스에서 인구 증가와 감소는 사회에 큰 충격을 주는 요인이었다. 따라서 많은 사상가들이 인구문제와 그 해결방안을 구체적으로 논의했다. 플라톤(Plato)은 도시 유지에 필요한 각종 생산과 서비스, 식량, 자연환경 등을 고려해 도시국가의 최적 인구를 5,040명으로 설정했다. 이러한 적정인구 개념은 인구를 통제한다는 주장으로도 해석할 수 있다. 플라톤은 인구 감소 방법으로 출산을 억제하는 만혼과 집단혼 등을 제시했으며, 출산 억제만으로 인구 감소가 어려울 때는 이민, 식민지 경영, 전쟁 등이 필요하다고 주장했다. 아리스토텔레스는 적정인구를 제시하지는 않았지만, 인구를 적절히 조절하지 않으면 가난과 사회적 무질서, 정치적 비능률이 나타난다고 주장했다. 그는 인구 감소 방법으로 인공 유산과 영아 유기를, 인구 증가 방법으로는 출산장려책을 주장했다.[2]

맬서스 이론의 등장 배경

그림 3-1. 윌리엄 고드윈(William Godwin)

맬서스가 당시 그의 인구 이론을 주장하게 된 배경에는 18세기 계몽주의 사상가들의 주장에 대한 반감이 크게 작용했다. 당시 계몽주의 사상가들은 인간 이성이 무한하게 진보함에 따라 완전한 개인과 사회가 실현될 것이라고 확신했다. 영국의 대표적인 계몽주의자 윌리엄 고드윈(William Godwin, 1756~1836)은 인간의 죄악과 빈곤은 제도의 결과이기 때문에 인간의 지혜가 성숙되고 이성이 발달함에 따라 죄악과 빈곤은 자연스럽게 극복될 것이라고 주장했다. 늘어나는 인구 과잉 문제에 대해서는 먼 장래에 발생할 문제로 미리 걱정할 필요가 없다고 주장했다. 또한 지구가 수용할 수 없을 만큼 인구가 증가할 경우 인간은 자연스럽게 인구 증가를 멈출 것이라는 낙관적인 주장을 했다. 이런 고드윈의 주장은 맬서스 인구 이론의 동기가 되기도 하였다. 1798년 맬서스가 펴낸 책의 제목『인구의 원리가 미래의 사회 발전에 미치는 영향에 대한 소론-고드윈, 콩도르세, 그리고 그 이외 작가들에 대한 고찰을 포함하여(An Essay on the Principle of Population as It Affects the Future Improvement of Society, with Remarks on the Speculations of M.Godwin, M.Condorcet, and Other Writers)』(흔히 인구론이라고 불린다.)에 고드윈이 언급된 이유도 이런 배경 때문이다. 그렇다면, 200년도 더 지난 맬서스의 인구 이론이 현재 의미가 있는 이유는 무엇일까? 그것은 인구 증가의 사회적 의미에 대한 논쟁의 시작이 맬서스의 인구론이 나오면서부터 시작되었기 때문이다. 인구에 관한 논쟁으로 지리학, 사회학, 경제학 등 다양한 분야에서 인구와 관련된 연구가 이루어지기 시작했다. 이는 '인구'란 주제가 사회의 다양한 학문 분야와 관련되어 있기 때문에 나타나는 현상이라고 볼 수 있다.[3]

맬서스의 인구 이론이 출현한 시대적 배경

맬서스의 『인구론』 초판이 발행된 1798년 영국 사회는 극도로 혼란한 상태였다. 1775~1783년 사이에는 미국과 독립전쟁을 겪었으며, 1789년에는 프랑스대혁명으로 인해 영국 사상계는 큰 충격을 받았다. 프랑스대혁명은 사람들로 하여금 자유, 평등, 박애와 같은 가치들을 소리 높여 외치게 만들었으며, 민주주의와 인권[4]의 확대를 요구하였다. 정치적 자유의 확대와 경제적 풍요는 이 시대 역사의 진보에 대한 믿음의 결과물처럼 보였다.

영국의 산업혁명은 가내수공업에 종사하는 많은 노동자들이 일자리를 잃게 만들었으며, 15세기 말부터 19세기까지 발생한 인클로저 운동은 많은 수의 농민들을 도시로 몰려들게 만들었다. 영국의 산업혁명이 가져온 상공업의 발전으로 인해 대공업지대와 도시들이 나타나게 되었으며, 이는 농산물의 수요를 더욱 증가시켜 결과적으로 대규모 농업 경영을 위한 인클로저 운동을 더욱 강화시켰다. 인클로저 운동은 당시 도시와 인구 이동 등 사회 전반에 큰 영향을 미쳤다.

인클로저(enclosure)란 영국에서 15세기 이후부터 19세기에 걸쳐 공유지, 미개간지, 황무지 등에 울타리를 치고 경계를 표시하여 사유지로 전환함으로써 경작 농민들을 내쫓은 과정을 의미한다. 관습적으로 그 땅을 사용하던 사람은 일자리

이상적 농경사회를 꿈꾼, '디거스(Diggers)'

"땅이 없는 빈민들이 공유지에서 자유롭게 경작하고 노동할 권리를 가지지 못한다면, 잉글랜드는 자유 국가가 아니다."

제라드 윈스탠리(Gerrard Winstanley, 1609~1676)는 프로테스탄트 종교 개혁가이다. 그는 '디거스(Diggers)'라는 집단을 이끌며, 급진적인 경제 정책을 주장했다. 디거스는 '땅을 파는 자들'로, 수십 명이 소규모 집단을 이루어 황폐한 땅과 공유지를 개간하여 경작하며 공동 생산과 공동 소유를 실현하고자 했다.

윈스탠리는 당시 영국 사회에서 확대된 인클로저 운동에 따라 피폐해진 농촌 빈민들의 경제적 문제를 해결하려면, 가난한 자들에게 공유지를 돌려주어야 한다고 주장했다. 생산의 기본적 토대인 땅을 농민들에게 되찾아주고자 했다. 그는 땅의 효용 가치가 변하고 있던 시대적 전환기에 땅의 본질적 기능을 되살리고 이를 통해 농민의 삶을 회생시키려 했던 것이다.

윈스탠리가 꿈꾼 공화국의 자유 법체계는 공산적 사회를 유지하는 것이었다. 그러나 이런 토지의 공동 소유와 공동 생산을 기반으로 한 공동체적 삶은 기본적으로 이상적 농경사회의 모습이다. 당시 영국은 이미 산업혁명과 자본주의가 성장하고 있었으며, 농촌의 모습과 농업이 급격하게 변화하던 시대였다. 결국 그의 주장은 현실화되지 못했으며, 디거스도 2년이라는 짧은 활동에 그치며 1650년에 해산되었다. 그러나 그가 추구한 평등의 사상과 공동 생산이라는 이상은 후일 마르크스에 영향을 주어 사회주의 사상에 반영되었다.

를 잃게 되었다. 이 과정은 자본주의와 거대 산업도시를 탄생시킨 원동력이기도 하였다. 인클로저는 기존의 공유자원을 배타적인 사적 소유 대상으로 전환시키면서 그 자원에 대한 공동 소유권을 소멸시켰다.

인클로저는 크게 두 번에 걸쳐 일어났다. 제1차 인클로저 운동은 15세기 말에서 17세기 중반에 발생했다. 이 시기에는 곡물 가격보다 양모 가격이 급등하자 봉건영주들이 경작지를 목양지로 전환시키면서 일어났으며, 비합법적 과정을 통해 사유화되었다. 제2차 인클로저 운동은 인구 증가에 따라 식량 수요가 급증하자 농업 생산성을 향상시키기 위해 18~19세기에 걸쳐 합법적인 과정을 통해 이루어졌다. 제1차를 민간 주도적 인클로저라고 한다면, 제2차는 정책 개입을 통한 국가적 차원의 인클로저라고 할 수 있다.

이러한 인클로저, 특히 제2차 인클로저를 통해 개방경지에 대한 절대적 소유권과 토지의 사유재산 제도 확립, 토지 병합과 대토지 소유, 자본가적 농업 경영, 자본주의적 생산 관계와 근대적 임금노동자 창출 등은 산업도시 형성을 촉진하였다. 이른바 자본주의의 기초를 이루었다고 할 수 있다.

자본주의 발전에서 인클로저가 중요한 이유는 생산수단으로부터 사람의 분리, 그리고 노동력 이외에는 즉, 자신의 몸 밖에 생존수단이 없는 잉여 인구를 만드는 약탈적 과정을 통해 자본주의 발전의 전제조건이자 기반을 제공하였다는 것이다. 토지 인클로저는 실질적으로 공유지[5]에 대해 전통적으로 권리를 갖고 있던 농민들의 토지에 대한 접근권을 박탈함으로써 임금을 받는 노동자 관계를 확대시켰으며, 산업도시 형성을 가져온 것이다.[6]

인클로저 이후 농촌에서 살아가던 많은 사람들은 경제적 어려움을 겪었으며, 모든 인간에게 평등하게 보장된 자유와 기본적인 권리에 부정적인 영향을 미쳤다. 당시 인클로저로 인한 농촌의 피폐한 삶을 보여 주는 것으로 영국 시인 존 클레어(John Clare, 1793~1864)의 시가 있다.

황무지[7]
작은 폭군들 각자가 그의 작은 표지로 인간이 토지를

아이 갖기를 주저하는 사회

점유하는 곳은 더 이상 성스럽게 빛나지 않음을 보여 준다

자유와 소중한 유년시절로 가는 길 위에

판자 위로 "여긴 길 없음"이란 통지가 붙어 있다

클레어는 인클로저로 인해 자신과 이웃이 비록 넉넉하지 않아도 하루 세끼 먹으며 자유와 권리를 마음껏 누리면서 살 수 있는 삶의 터전을 강탈당한 현실 문제에 집중하게 된다. 특히 자신 소유의 땅이 없는 가난하게 살던 시골 사람들, 그리고 그들의 유일한 생계수단인 얼마 안 되는 가축들에게 풀을 뜯게 할 공유지마저 빼앗기고 극도로 빈곤한 상태로 전락하게 된 당시 상황을 묘사한다.[8]

회상[9]

옛 라운드 참나무의 좁은 길을 나는 결코 다시 볼 수 없다

인클로저는 보나파르트처럼 아무것도 남겨두지 않았다

그것은 모든 수풀과 나무를 평평하게 하고 모든 언덕을 평평하게 하고

두더지들을 반역자들로 목매달았다

인클로저로 인해 토지를 강탈당한 농민들에게 인클로저는 그 자체로 폭군 나폴레옹 보나파르트였다. 더욱이 1815년에 대지주들의 주장에 의해 곡물법(corn laws)이 만들어져 외국으로부터 값싼 곡물을 수입할 수 없게 되었다. 그 결과 곡물 값이 올라가 농민들의 경제적 압박은 더욱 심해졌고 이후 살기 힘들어진 대부분의 농민들은 빈민으로 전락하여 도시로 이주하기 시작했다.

당시 맬서스와 곡물법 논쟁을 벌인 사람은 그와 절친한 친구이기도 한 데이비드 리카도(David Ricardo, 1772~1823)였다. 리카도는 애덤 스미스(Adam Smith, 1723~1790)로 시작되는 고전경제학파를 완성한 이로 주식 중개인으로

활동하다, 우연히 스미스의 『국부론(The Wealth of Nations)』을 읽고 감명받아 독학으로 경제학을 연구한 경제학자이다. 리카도는 학문적으로나 정치적으로나 곡물법 폐지를 적극적으로 주장했다. 리카도는 곡물가격이 하락하면 자본가뿐 아니라 그것을 소비하는 노동자들과 모든 사회계급들이 더 풍요로워질 것이라고 생각했다. 리카도는 곡물법의 폐지를 반대하는 이들은 극소수의 지주들뿐

그림 3-2. 데이비드 리카도(David Ricardo)

이라고 생각하며 지주 계급은 사회의 발전과 모든 구성원들의 행복을 가로막는 집단으로 보았다.

반대로 맬서스는 지주야말로 이 사회의 발전을 위하여 반드시 필요한 계급이라고 주장하였다. 생산 능력이 증가할수록 소비도 그만큼 늘어나야 하는데, 자본가는 소비는 하지 않고 축적만 하며, 노동자는 소비하고자 하여도 너무 빈곤하여 소비하지 못한다. 따라서 생산과 소비, 공급과 수요의 균형을 위해서는 생산하지 않고 소비만 하는 계급이 반드시 필요했다. 맬서스가 보기에 지주 계급이 바로 그들이었다. 아무리 값싼 외국산 곡물이 수입되어 곡물가격이 하락하더라도 노동자들은 여전히 빈곤할 수밖에 없으며, 수요는 증가하지 않는다. 시장에 나온 상품들은 팔리지 않게 되고, 결국은 치명적인 파국만이 나타날 것이라고 맬서스는 주장하였다. 맬서스의 이러한 생각은 나중에 20세기의 가장 논쟁적인 경제학자인 존 메이너드 케인스(John Maynard Keynes, 1883~1946)에 의해 유효수요(effective demand) 이론으로 발전하게 된다.

영국에서는 16세기 초 헨리 8세(Henry VIII, 1491~1547)에 의해 구빈법과 관련된 법들이 만들어졌으며, 엘리자베스 여왕(Elizabeth I, 1533~1603) 시대에는 이들을 좀 더 체계화시켰는데, 이것이 1601년 만들어진 일명, 엘리자베스 빈민법

그림 3-3. 곡물법을 폐지해야 한다는 반(反)곡물법동맹의 포스터(왼쪽), 곡물법을 옹호하는 포스터(오른쪽).
반곡물법동맹은 곡물법으로 인해 빈곤해진 가정과 곡물법이 폐지되어 윤택해질 가정의 상반된 모습을 보여 주고 있으며, 곡물법을 옹호하는 포스터는 곡물법이 화려한 삶을 가져다준다는 내용을 담고 있다.

10이다. 곳곳에 구빈원이 설립되어 빈민들이 최저생활을 유지하도록 정부가 많은 구호활동을 전개했다. 그러나 이러한 구호활동은 지방단체의 재정을 어렵게 만들었으며, 노동자들의 임금을 낮아지게 했다. 이렇게 볼 때 19세기 중반에 이르기까지 영국 전역에서 시행된 인클로저는 토지가 없는 농민들에게 큰 고통을 가져다준 것은 분명하다. 사회·경제적 변혁기에 도시로 모여든 빈민들은 영국사회의 커다란 문제가 되었다. 이런 배경하에 맬서스는 빈민 및 노동자들의 도시 집중에 따른 인구 증가와 그들의 빈곤과 관련해서 많은 관심을 갖게 된 것이다.

맬서스의 인구 이론

맬서스의 인구론은 두 가지 전제로부터 출발한다. 첫째, 식량은 인간의 생존에 필요하다. 둘째, 이성 간 느끼는 성적 욕망은 필연적이며 앞으로 지속될 것이다.

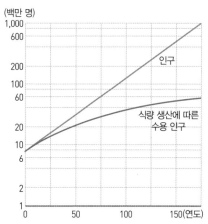

(백만 명)

그림 3-4. 맬서스 이론의 그래프화(한주성, 2015 재인용)

맬서스는 이러한 두 가지 전제 위에서 자연적 제한이 없다면, 인구는 기하급수적으로 증가하지만, 식량은 산술급수적으로 증가할 것이라고 주장하였다. 맬서스 이론의 강점은 이와 같은 단순명료한 설명에 있다. 산술급수, 기하급수라는 용어는 인구 증가의 치명성을 강조하기에 아주 적절했다. 마치 사바나 초원에서 얼룩말을 물어뜯는 사자의 모습을 떠올리게 하며, 인간도 부지불식간에 동물의 세계처럼 약육강식의 논리에 의해 지배받을 것이라고 생각하게 했다.

그러나 계몽주의 사상이 전개된 프랑스뿐만 아니라 영국에서도 인간의 이성을 굳게 믿는 사람이 있었다. 앞에서도 언급된 고드윈이다. 고드윈은 인간의 본질은 개선될 수 있다고 확신했다. 올바른 인간 본성에서 비롯되는 사회제도의 개혁은 빈곤을 해결할 것이며, 마침내 빈곤 없는 세상이 만들어질 것이라고 믿었다. 하지만 맬서스는 고드윈의 이런 낙관적인 발상을 용납할 수 없었다. 설령, 빈곤이 해결되더라도 이런 세상에서는 인구가 점점 증가하여 다시 빈곤이 발생할 수밖에 없다고 그는 믿었다. 다시 말해서, 인구와 식량 사이의 불균형이 바로 빈곤을 낳는 원인인데, 인구 증가와 식량 증가는 인간의 이성을 뛰어넘은 자연법칙에

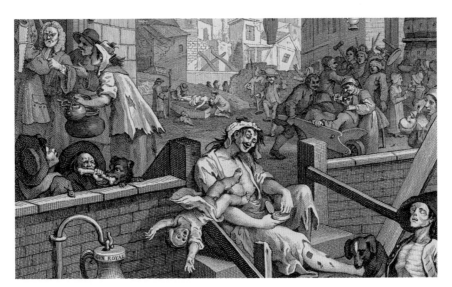

그림 3-5. 〈진 골목〉(윌리엄 호가스, 1751)

이 작품은 알콜 도수가 높은 진의 폐해를 고발하고 있지만, 18세기 런던 빈민들의 경제적 궁핍과 도덕적 타락상을 보여 준다. 당시 사회를 풍자한 대표적인 판화 작품 중 하나이다.

의해 규제되고 있으므로 이를 이성으로 규제할 수 없다는 것이다. 즉 동물로서 인간은 자연법칙에 의해 규제될 수밖에 없다는 맬서스의 주장과 인간은 동물 수준을 초월한 존재이므로 자연법칙을 제어할 수 있다는게 고드윈의 주장이다. 이런 의미에서 18세기에 활동한 영국의 대표적 화가 윌리엄 호가스(William Hogarth, 1697~1764)의 그림 〈진 골목(Gin Lane)〉은 맬서스의 주장을 뒷받침하는 것처럼 보인다.

인구 증가에 따른 인류의 파멸을 막기 위해 맬서스는 두 가지 대책을 제시했다. 그것은 예방적 억제와 적극적 억제이다. 예방적 억제는 가족을 부양하는 데 따르는 곤란을 걱정하여 결혼을 하지 않거나 낙태를 허용하는 것이다. 적극적 억제는 사후적으로 아동의 영양실조, 극도의 빈곤, 전쟁과 기근 그리고 전염병 등으로 인구가 감소되는 것을 말한다. 그러나 이러한 극단적인 주장을 담은 『인구론』 초판이 많은 논란과 비판을 받자, 맬서스는 내용을 일부 수정하고 제목도 좀 더 온건하게 바꾸어 1803년에 제2판을 출판하였다. 제2판의 주요한 변화는 도덕적 억제를 인정한 것이다. 제2판 이후에도 맬서스는 제7판까지 개정판을 내면서 과잉 인구의 해결책으로 이민, 농업 진흥, 산업의 전문화, 무역의 확대 등 다양한 해결방안을 제시했다. 그러나 인구 증가에 따라 인류에게 파멸이 올 것이라는 비관론적 견해는 끝까지 고수했다.

맬서스 인구 이론의 문제점

맬서스의 『인구론』은 고전경제학파에게 상당한 지지를 받았다. 고전경제학파는 인구 증가와 임금 수준 그리고 노동 수요와의 관계를 분석하는 데 맬서스의 이론을 기초로 했다. 이들은 인구가 증가하면 실업자가 많아지고 임금은 낮아지게 된다고 보았다. 낮은 임금은 가난과 질병을 확대시켜 결국 인구의 감소 현상을 초래하며, 그 결과 임금이 상승하게 된다. 임금이 상승하면 인구는 다시 증가해 위의 과정을 되풀이하게 된다고 주장했다. 이와 같은 고전경제학파의 견해는 인구 증가가 빈곤을 유발하는 원인이기 때문에 노동자들에게는 생계를 유지할 정도의 낮은 임금 수준을 유지시켜야만 인구를 억제할 수 있다는 것이다. 이러한 견해는 맬서스의 자연법칙에 의한 인구 억제의 관념과 일치하는 것이다. 당시 빈민구제책이나 하층민을 위한 최저생계비를 넘는 임금 인상 요구에 대해 맬서스의 주장을 받아들인 정치가들은 이런 정책은 하층민의 인구만 늘릴 정책이라고 해석했으며, 결국 당시 영국에 존재하던 빈민 구제책마저 후퇴하는 정책으로 이어졌고, 이는 1834년 신 빈민법으로 현실화되었다.

맬서스 이론의 문제점은 크게 네 가지로 살펴 볼 수 있다. 첫째, 현실 사회에서 인구는 기하급수적으로 증가하지 않으며, 또한 식량은 산술급수적으로 증가하지 않는다. 둘째, 맬서스가 인구 억제책으로 제시한 도적적 억제는 비현실적이며, 맬서스 본인조차도 도덕적 억제에 의해 출생률이 저하된다는 데에는 회의적이었다. 셋째, 인구 억제의 가장 효과적인 방법인 피임에 대해서는 비도덕적인 성관계를 조장한다고 판단해 반대했다. 넷째, 인구 문제를 오로지 식량 분야에만 국한시켜 연구했다. 이는 맬서스가 인간 존재 자체를 동물로서의 인간에 국한하여 이론을 주장한 것으로 볼 수 있다.

2. 도대체, '잉여'는 누구인가?

맬서스 인구 이론의 한계

맬서스의 이론은 현대사회에 부합하지 않으며 문제점이 많은 것이 사실이다. 하지만 지난 100여 년 동안의 인구 증가를 살펴보면 맬서스의 주장도 어느 정도

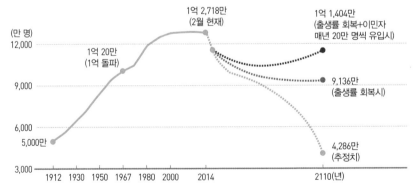

그림 3-6. 일본의 인구 추이(조선일보, 2014.2.26.)

맬서스는 미래 사회에 인구가 감소한다는 생각은 하지 않았을 것이다. 그러나 이웃나라인 일본의 경우, 2010년 약 1억 2,800만 명이던 인구는 2014년 약 1억 2,700만 명으로 감소하였으며, 앞으로도 꾸준히 감소할 것으로 예상된다.

수긍이 간다. 19세기 초에서 20세기 사이 10억 명이던 인구가 20억 명으로 증가하는 데 걸린 기간은 120년 정도였다. 그러나 20억 명의 인구가 30억 명에 도달하는 데 33년, 40억 명까지는 14년, 50억 명까지는 13년이 걸렸다. 2000년 전 3억 명 정도이던 지구의 인구가 19세기 초까지 10억 명으로 증가한 것에 비하면 20세기는 분명 '인구 폭발의 시대'라 부르기에 충분하다.

맬서스의 인구 이론이 등장한 이후 오랫동안 인구 문제의 초점은 '잉여'가 아닌 '결핍'에 있었다.[11] 굶주린 입이 늘어나 이 세상의 식량을 다 먹어치워 버릴까 두려웠던 것이다. 맬서스가 활동하던 시대인 18~19세기는 산업혁명과 자본주의가 발달하던 시기이기는 했지만 아직까지 부의 원천은 토지였으며, 생산물의 잉여를 걱정할 시대가 아니었다. 하지만 현대사회는 상황이 바뀌었다. 현재의 대량 생산 체제하에서는 그에 걸맞는 대량 소비가 뒷받침되어야 한다. 그렇지 못할 경우 경제 발전은 불가능하다. 그런데 지속적으로 증가하던 인구가 최근 저출산의 여파로 감소할 조짐을 보여, 이제는 생산물의 '잉여'가 발생할 수도 있는 시대가 열린 것이다.

맬서스는 가구의 소득이 높을수록 자녀 수가 많을 것이라고 주장했다. 그러나 산업화 이후 가구 소득과 자녀 수 간 유의미한 비례관계가 나타나지 않는다. 또한

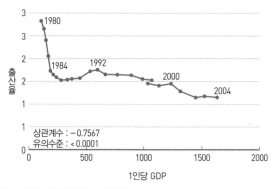

그림 3-7. 출산율과 1인당 GDP(오유준 외, 2008)

거시적 관점에서 국가별 1인당 국내총생산과 출산율 간의 관련성을 분석해 보면 오히려 반비례 관계가 나타난다.[12] 그림 3-7을 보면 1인당 GDP가 증가함에 따라 출산율이 떨어지고 있음을 알 수 있다. 이는 앞에서 맬서스 이론의 네 번째 문제점으로 지적한 것과 관련이 있다. 인간의 출산을 단순히 '식량' 수준으로만 설명할 수는 없는 것이다.

과거의 예언자 맬서스

맬서스와 같이 인구 변동을 중요시한 연구자로 프랑스 아날학파의 에마뉘엘 르루아 라뒤리(Emmanuel Le Roy Ladurie, 1929~)가 있다. 일반적으로 근대 이전 시기의 기술 수준이 정체한 상태에서 인구의 장기적 성장은 농업 생산의 외연적 확대(이제까지 경작되지 않았던 토지를 경작지로 만드는 개간 사업이 진행되는 것)에도 불구하고, 얼마 있지 않아 수확체감의 덫에 걸려 전반적인 농업 생산량의 감소가 발생한다. 이는 인구와 식량 간의 불균형 상태를 의미하며, 자연스레* 농민들의 빈곤화로 이어졌다. 이후 기근 및 질병 등 맬서스가 말한 적극적 억제책을 통해 다시금 인구와 식량자원 간의 균형 상태를 되찾기도 하였다.

14세기 중엽 흑사병이 최초로 발생한 이래 일정한 간격으로 반복하여 발생했다. 이탈리아 피렌체 시의 경우 1363년 1374년, 1383년, 1390년, 1399~1400년, 1411년, 1417년, 1430년, 1448년, 1456년, 1478년 그리고 1495~1498년 사이에 흑사병이 발생했다. 1383년 봄에 발생한 흑사병의 경우 "6월 중순까지 매일 60명에서 80명이 사망했고, 7월 중순에는 200명까지 증가했다. 그리고 그 후에는 300명, 380명 심지어 400명까지 이르렀다"는 기록이 있다. 또 1399~1400년 사이 발생한 흑사병의 경우 당시 도시 주민의 약 1/4이 희생되었을 정도로 심각했다.[13]

그림 3-8. 〈죽음의 무도〉(미하엘 볼게무트, 1493)

미하엘 볼게무트(Michael Wolgemut)의 그림. 흑사병으로 인한 죽음의 만연으로 죽음과 관련된 작품이 중세 유럽사회에서 많이 만들어졌다.

흑사병 직후인 1350년에는 여성 농업노동자들의 임금은 남성의 80% 수준으로 높은 편이었으나, 16세기 후반에는 남성의 30% 정도로 떨어졌다. 이와 같은 16세기의 전반적 임금 하락은 서유럽에서 보편적 현상이었다. 그런데 라뒤리는 이런 현상의 근본 원인을 인구 압박 때문이라고 주장한다. 인구의 증가는 잠재적 그리고 실제 실업자 수를 증가시켜 임금 수준을 끌어내렸다는 것이다.[14] 즉 농업 생산 후퇴와 인구 감소 그에 따른 임금 상승 이후, 또다시 농업 생산 증가와 인구 증가 그에 따른 임금 감소로 이어지는 사이클이 존재했다는 것이다. 그런데 라뒤리는 18세기 이후 이와 같은 사이클이 반전되었음을 주장한다. 또한 도로와 운하, 항구 같은 사회간접자본도 확충되기 시작하였다. 18세기 이후 농업 생산의 확대는 이전의 사이클처럼 인구 감소와 농업 생산 후퇴로 이어지지 않았으며, 반대로 인구는 점차 안정적으로 성장하기 시작하였다.

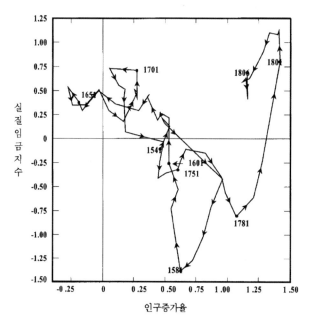

그림 3-9. 영국의 연간 인구 증가율과 실질임금지수(송병건, 2007)

　　그러나 더욱 중요한 변화는 인구 증가가 식량 가격과 실질 임금에 부정적 영향
을 주지 않게 되었다는 점이다. 프랑스뿐만 아니라 영국의 농업 생산성도 18세기
후반 이래 두드러지게 증가하여, 인구 증가를 감당할 수 있는 상황이 되었다. 또
한 19세기 중반부터는 해외로부터의 곡물 수입 증가로 인구 증가와 식량 가격 간
의 관계는 더욱 약화되었다. 이 연결고리가 해체됨으로써 산업혁명기 영국 경제
의 가장 큰 문제인 '맬서스 트랩'으로부터 탈출이 가능해졌다. 이전까지는 농업 생
산성 증가와 공업 생산성 증가로 실질 임금이 증가하는 경우 이것이 곧 인구 증가
로 이어져 결국에는 실질 임금의 감소를 초래하였다. 그러나 이제는 인구 증가와
실질 임금 상승이 동시에 발생하게 되는 것이다.

　　그림 3-9는 이런 변화 상황을 잘 보여 준다. 16~17세기와 달리 18세기 중반 이
후 화살표의 진행 방향이 좌-하향에서 우-상향으로 그려져 있다. 이는 인구 증

가와 실질 임금의 상승이 동시에 나타나고 있음을 보여 주는 것이다.[15]

결론적으로 18세기 중·후반 이미 영국과 프랑스에서 '맬서스적 모순'은 사라졌다. 이런 면에서 라뒤리는 18세기 후반에 인구 증가에 의한 인류의 파멸을 주장한 맬서스는 너무 늦게 출현하였으며, 과거의 예언자에 불과하다.[16]

마르크스의 맬서스 인구 이론 비판

카를 마르크스(Karl Marx, 1818~1883)는 『자본론(Das Kapital: Kritik der politischen Oeconomie)』에서 맬서스의 인구론을 비판하면서 과잉 인구(over-population)라는 개념 대신에 상대적 잉여 인구(relative surplus population)라는 개념을 사용했다. 그는 순수한 과잉 인구란 존재하지 않으며, 상대적 잉여 인구는 본질적으로 자본주의의 산물일 뿐만 아니라, 자본주의 경제 체제를 유지하기 위해서 존재하는 것이라고 주장했다. 자본주의 국가들은 완전 고용이 가능하더라도 이를 실현하지 않으며, 오히려 과잉 인구를 의도적으로 생산한다고 보았다.

마르크스는 인구문제를 식량 공급과 관련시키지 않고, 사회·경제적 체제와 관련된 자원 분배 문제로 보았다. 따라서 인구문제를 해결하기 위해서는 사회·경제적 체제의 변혁이 필요하다고 주장했다.[17] 마르크스는 18세기 영국에서 발생한 과잉 인구를 자본주의 사회에서의 실업자 문제로 보았다. 이 둘에는 중요한 차이점이 있다. 맬서스는 과잉 인구를 자연법칙에 의해 발생하는 것으로 보았으며, 마르크스는 상대적 잉여 인구, 즉 실업자의 발생은 자본주의의 구조적 문제 때문이라고 본다는 점이다.

그렇다면 21세기 우리 사회와 지구촌에서 벌어지고 있는 수많은 금융·경제 위기 그리고 그 이후 발생하는 대량 실업 사태는 누구의 책임이며, 왜 수 많은 노동자들은 해고를 당해야만 하는 것일까? 자본주의의 발달 과정을 살펴보면 중요한 단계마다 수많은 사람들이 자신의 토지와 직장을 잃고 희생양이 되어 왔다. 경제 관련 기사에서는 기업의 구조 조정 단계에서 노동자들의 대량해고는 필연적일 수밖에 없음을 역설한다. 어쩔 수 없다는 것이다. 그리고 대량해고에 저항하는 이들을 경제발전을 저해하는 무리라며 비판한다.

2009년 쌍용자동차 대량해고 사태를 보면 알 수 있다. 쌍용자동차는 2005년 중국의 상하이자동차에 매각되었다. 상하이자동차는 쌍용자동차를 인수할 때 "고용 안정, 국내 생산 능력 향상, 생산 설비 및 판매망 확장" 등 4,000억 원의 투자와 평택 공장에 30만 대 생산 설비 증설을 약속했다. 그러나 이 약속은 전혀 지켜지지 않았으며, 판매 부진과 경기가 악화되자 2009년 1월 9일 쌍용자동차의 법정관리를 신청하고 경영권을 포기하게 된다.

상하이자동차는 인수한 4년간 약속했던 투자는 하지 않고, 쌍용차의 기술만 습득한 후 경영에서 발을 빼 버렸다. 이후 쌍용차의 경영진은 경영 악화를 이유로 무려 2,600여 명의 노동자에게 해고를 통보한다. 그리고 5월 21일부터 8월 6일까지 70일이 넘는 기간 동안 노조원들은 공장을 점거하고 파업을 벌였다. 그 후 경찰의 강제 진압과 노사 합의로 사태는 일단락되었지만, 정리해고자, 희망퇴직자, 가족 등 28명이 이 사태와 관련된 원인으로 목숨을 잃었다. 77일간의 파업 과정에서의 충돌로 인한 정신적 상처와 미래에 대한 불안감, 해고 직후부터 찾아온 경제적 어려움 등이 이들을 죽음에까지 이르게 한 것이다. 2,600여 명의 정리해고 대상자와 28명이라는 사망자 숫자를 비교하면 해고가 얼마나 잔인한 살인행위인지 알 수 있다.[18] 그러나 이 사태를 다룬 당시 주류 언론의 논조는 모두 기업의 입장에서만 문제를 바라보고 있다. 이들에게 해고당한 노동자들의 입장은 전혀 중요하지 않았던 것일까? 아니면 생각해 볼 필요가 없던 것일까?

법정관리 중인 쌍용차의 노조가 21일 파업에 들어갔다. 회사의 생존이 위태로운 이때 파업이라는 극단적인 선택을 한 것은 분명 잘못이다. … 정상적인 기업이라면 노조가 대량 정리해고에 반대하는 게 당연하다. 그러나 회사의 운명이 촌각에 달렸을 때는 다르다. 회사가 망하면 모든 사람이 일자리를 잃기 때문이다.

− 파이낸셜뉴스, 2009.5.21.

쌍용자동차 노조가 총파업을 강행하겠다며 경기도 평택공장에서 기자회견을 자청한 15일 공장 앞에는 '쌍용차가 살아야 우리 아들 대학 간다', '쌍용차 무너지면 국가경제 파탄난다'는 내용의 현수막이 즐비했다. 시민들이 내건 현수막이다. … 그런데도 노조가 파업을 벌이겠다니 '쌍용차가 살아야 아들을 대학 보낼 수 있는' 시민들로선 기가 찰 노릇이다. 협력업체들은 말할 것도 없다. "2,600명 해고한다고 파업하면 협력업체 직원 19만 명은 어쩌란 말이냐"고 협력업체 관계자는 하소연했다. 이 관계자는 "이미 상당수 협력업체 직원들이 퇴직 위로금도 받지 못한 채 회사를 떠났다"며, "본사 노조원들만 무풍지대에 남겠다는 게 도대체 무슨 심보냐"고 분통을 터뜨렸다. … 쌍용차 노조는 과거에도 중요할 때 회사 발목을 잡은 적이 있다. 2003년 SUV(스포츠 유틸리티 차량)인 렉스턴을 처음 출시할 때도 그랬다. "노조가 파업을 벌이는 바람에 신차 효과를 누리지 못해 막대한 피해를 봤다"는 게 회사 측 설명이다. − 한국경제, 2009.4.16.

"회사가 망하면 모든 사람이 일자리를 잃기 때문"이라지만, 이것은 사실이 아니다. 회사가 망해도 '그들'은 일자리를 잃지 않는다. 오직 노동자들만이 온전히 일자리를 잃을 뿐이다. 회사 부실 운영으로 인한 적자를 노동자들의 대량해고만으로 해결하는 건 온당하지 못하다. 또한 "쌍용차가 살아야 아들을 대학 보낼 수 있"다는 지역 주민의 말은 사실일 것이다. (이런 주장이 전형적인 을 vs 을의 대결 프레임입니다.) 그러나 정작 부당하게 해고당해 자신뿐만 아니라 가족 모두 온전한 삶을 살 수 없는 노동자들의 처지도 헤아려야 할 것이다. 쌍용자동차 노동자와 쌍용자동차의 공장이 있는 평택 주민들의 삶은 상호 불가분의 관계이지, 대립시킬 성질의 것이 아니다. 우리는 이런 을과 을의 대결 구도에 빠져들면 안 된다. 2,600명의 해고 노동자와 19만 명의 협력업체 직원은 적대 관계가 아니다. 또한 고작 "2,600명 해고한다고 파업하면 협력업체 직원 19만 명은 어쩌란 말인가"라는 내용의 주장도 작위적이다. 2,600명이란 해고 노동자의 숫자는 당시 쌍용자동차 노동자의 30%에 이르는 수치이다. 사측에서 이런 식의 논리를 펼치는 것은, 19만 명에 이르는 협력업체 직원들도 언제든지 해고의 위협에 처해질 수 있다는 현실을 보여 주는 것이다.

기사는 이런 사실은 애써 외면한 채 파업하는 정규직 노동자들과 협력업체 직원들의 대립 관계만을 강조하고 있다. 어찌 보면 나와 관련 없는 우리의 가족이 아닌 '그들'의 해고를 불편해 하고 관심을 가져야 하는 이유는 나치스의 광기에 저항한 독일인 목사 마르틴 니묄러(Martin Niemöller, 1892~1984)의 시구처럼 언젠가는 내가 과거의 '그들'이 될 수 있기 때문이다. 내가 '그들'이 되었을 때, 이미 때는 늦었을 것이다.

나치가 그들을 덮쳤을 때

나치가 공산주의자들을 덮쳤을 때,
나는 침묵했다
나는 공산주의자가 아니었다.

그다음에 그들이 사회민주당원들을 가두었을 때,

나는 침묵했다

나는 사회민주당원이 아니었다.

그다음에 그들이 노동조합원들을 덮쳤을 때,

나는 아무 말도 하지 않았다

나는 노동조합원이 아니었다.

그다음에 그들이 유대인들에게 왔을 때,

나는 아무 말도 하지 않았다

나는 유대인이 아니었다.

그들이 나에게 닥쳤을 때는,

나를 위해 말해 줄 이들이

아무도 남아 있지 않았다.

잉여는 불필요함을 의미한다. 과거나 현재나 인구 과잉에 대한 우려는 누가 잉여인가 라는 탓할 대상(target)의 지목으로 이어졌다. 잉여는 단순한 과잉이 아니다. 예를 들어, 팝콘박스에서 넘치는 팝콘처럼 말이다. 팝콘은 박스가 너무 작거나 박스 크기에 비해 너무 많이 담았기 때문에 넘친 것이다. 아무 이유 없는 과잉이 아닌 것이다. 즉, 체제와 구조에 의해 과잉으로 규정된 것이며, 과잉으로 생산된 것이다. 인간의 입으로 들어가는 팝콘이나 땅바닥에 떨어져 버려지는 팝콘은 모두 같은 팝콘이다.

과거 18세기 대규모 인클로저 운동에 의해 토지를 뺏긴 농민들은 고향을 떠나 도시로 이동했다. 그리고 21세기 과열된 자본주의에 의해 발생하는 경제 위기로 자신의 집과 직장에서 쫓겨난 노동자들의 처지는 비슷한 면이 있다. 단지, 과거 18세기의 '그들'은 도시로 이동해 상당수가 도시 빈민으로 전락해 노역소에 수용되거나, 맬서스에 의해 인류를 위협할 '과잉 인구'로 지목되었다면, 21세기의 '그들'은 기업의 적자와 경제 위기의 원인으로 지목되어, 기업을 살리기 위해서는 사라져야 할 잉여 노동력으로 규정되었을 뿐이다.

맬서스 이론은 환경과 지구의 지속 가능성에 대해 고민을 시작하게 해 줬다는 점에서만 중요하다. 우리는 인구와 식량과의 관계에서 이루어지는 맬서스의 인구 원리가 동물과 식물의 세계에서나 타당할 뿐, 인간 사회에서는 적용될 수 없음을 이미 알고 있다. 인간 사회에 적용되는 인구법칙이란 사회의 발전 단계에 따라 다르게 나타나며 그것은 자연법칙이 아니라 역사이다.[19]

3. 가난한 자들은 항상 너희와 함께 있을 것이다[20]

사회적으로 재탄생하는 빈민

빈곤은 절대적이자 상대적인 개념이다. 먹을 것이 없어 굶주리는 절대적 빈곤은 인간이 지구상에 존재할 때부터 시작되었을 것이다. 반면에 상대적 빈곤은 사유재산이 존재하기 시작해 재산 축적이 가능하게 되면서 나타났을 것이다. 이처럼 빈민은 절대적이든 상대적이든 매우 오래된 인간 사회의 본질적 현상이다. 그리고 빈민은 인류가 종말할 때까지 틀림없이 존재할 것이다. 예수는 "가난한 자들은 항상 너희와 함께 있을 것"이라고 말했다. 이렇듯 빈민은 인간의 역사와 함께해 왔기에 그들의 존재는 하나의 '자연 상태'와도 같았다.[21]

영국의 경우를 보면 빈민에 대한 사회적 관심은 사회 시스템의 변화와 큰 연관성이 있다. 즉 중세 봉건제의 붕괴가 빈민의 사회적 등장에 큰 영향을 미쳤다는 점이다. 중세 봉건제가 약화되고 해체되면서 발생한 공백을 농업 자본주의가 채워 나갔다. 농업 자본주의는 농민 다수를 임금을 받는 노동자로 전환시켰다. 임금을 받는 노동자가 된 농민은 주기적인 경기 순환 속에서 상시적인 실업의 위험에 노출될 수밖에 없었다. 과거 봉건제 사회에 존재하던 영주의 보호가 사라지고 국가의 공공 복지제도가 아직 도입되지 않은 상황에서 이들은 언제 빈민이 될지 모르는 처지에 이른 것이다. 이런 상황에서 농민들은 그리 심각하지 않은 흉년이나 질병만 발생해도 빈곤의 나락으로 떨어지게 될 수밖에 없었다.

농업의 자본주의화 과정에서 중요한 사건 중 하나가 인클로저 운동이다. 중세 봉건제 사회에서는 장원에 소속된 토지이지만 농민들이 아무런 제약 없이 공동으로 이용할 수 있는 공유지가 존재했다. 농민들은 이곳에서 가축을 방목하거나 땔감을 채취하는 등 실생활에 유용하게 이용하였다. 다시 말해 공유지는 농민들에게 생계 유지의 터전이었던 것이다. 봉건제 사회에서는 영주나 지주라 하더라도 자기 땅에서 농사짓는 농민을 마음대로 내쫓지 못하였다. 봉건제가 천년 동안 유지될 수 있었던 것은 이처럼 농민과 토지가 하나로 결속되어 있었기 때문이다.

그런데 인클로저 운동이 진행되면서 지주들은 공유지에 울타리를 치고 토지를 사유화하는 작업에 착수한다. 사유화된 공유지는 이윤을 극대화하기 위해 상업적으로 활용되었는데, 대부분 양을 기르는 데 사용되었다. 당시 영국에서 모직물 산업이 융성해지자 원료인 양모가 부족해지면서 가격이 급등했기 때문이다. 이에 지주들은 농경지를 목초지로 바꿔 대규모로 양을 기르기 시작한 것이다. 인클로저 운동은 토지를 단순한 농토가 아닌 수익 창출의 대상으로 여기기 시작한 최초의 상업적 계획이었다. 인클로저 운동으로 인해 농지가 줄어들어 소작농 간의 경쟁이 가열되면서 소작료는 올라가게 되었으며, 농지를 얻지 못하거나 비싼 소작료를 감당할 수 없는 농민들은 농촌을 떠나 도시로 이동할 수밖에 없었다. 16세기 당시 이런 세태를 비판한 토머스 모어(Thomas More)는 그의 작품 『유토피아(Utopia)』에서 "양이 사람을 먹어 버린다"고 비판하였다.[22]

헨리 8세, 부랑인을 증가시키다

사실 유럽 사회에서 교회는 오랫동안 빈민에 대한 구호와 자선 활동을 해 왔다. 봉건제 이후 붕괴된 농촌 사회의 늘어나는 빈민들을 돌본 것도 많은 부분 교회에서 운영하는 구빈 시설이었다. 그런데 영국의 헨리 8세(Henry Ⅷ, 1491~1547)에 의해 교회의 구호 활동이 단번에 무너졌다. 헨리 8세는 자신이 영국 교회의 최고 권력자, 즉 수장(首長)임을 선포하여 영국 교회에 대한 로마 교황의 권한을 부정하고, 영국 국교회를 성립시킨 종교개혁 법령인 수장령(首長令)을 선포했다. 헨리 8세가 수장령을 선포한 명목상의 이유는 수도원을 해산해 종교적 부패를 청산하겠다는 것이었다. 그러나 실제 이유는 다른 데 있었다. 우선은 가톨릭교회의 자산을 흡수하여 왕권의 물적 토대를 강화하기 위해서였으며, 두 번째는 자신의 개인적 욕망 즉, 이혼을 하기 위해서였다.

헨리 8세는 영국의 역사 속에서 파란만장한 왕이었다. 여성 편력 탓에 왕비를 무려 6명이나 뒀다. 첫 번째 왕비인 아라곤의 공주 캐서린과는 정략결혼을 했다. 두 번째 왕비는 캐서린 왕비의 시녀 앤 불린(Anne Boleyn, 1501~1536)이었다. 처음에 앤은 자신이 낳은 아들이 서자(庶子)가 되어야 한다는 것을 참을 수 없어 왕의 청혼을 완강히 거절했다. 이 때문에 헨리 8세는 캐서린 왕비와 이혼을 하려 했다. 절차에 따라 로마 교황청에 캐서린과의 이혼 승인을 요청했다. 그러나 교황청은 허락하지 않았

그림 3-10. 아서 홉킨스(Arthur Hopkins)의 〈헨리 8세와 앤 불린(Henry VIII & Anne Boleyn)〉

다. 당시 가톨릭에서는 배우자의 죽음 이외에는 이혼을 인정하지 않았기 때문이다. 그러나 헨리 8세는 이혼을 감행했다. 사실, 헨리 8세는 독실한 가톨릭 신자였다. 독일에서 루터가 종교개혁에 나섰을 때 반대를 주장하여 교황청으로부터 신뢰를 받았을 정도였다. 그렇지만 자신의 욕망 때문에 가톨릭 국가 전체의 적이 되는 선택을 한 것이다. 앤은 기다리던 아들을 낳았지만, 태어나자마자 죽었다. 그리고 둘째를 낳았지만 딸이었다. 교황과 가톨릭 국가라는 신념을 버리기까지 하면서 앤에게 왕관을 씌워 줬지만 결국 아들을 갖지는 못했다. 이후 헨리 8세의 앤에 대한 사랑도 식어버렸고, 결국 1536년 앤을 간통죄로 몰아 처형했다.[23] 그러나 앤이 낳은 딸은 대영제국의 기틀을 다진 엘리자베스 1세(1558~1603)로 훗날 영국이 가장 사랑한 여왕이 되었다.

헨리 8세에 의한 수도원의 해체는 빈곤한 농민과 부랑인의 급증으로 이어졌다. 빈민과 사회 사이를 막아 주는 완충지 기능을 했던 수도원과 종교 시설이 사라지자, 자연스럽게 종교의 영역에 머물던 빈민 문제가 사회적 영역으로 편입되었던 것이다.

자신만의 '장소'가 없는 자 부랑인

부랑인[浮浪人] : 일정하게 사는 곳과 하는 일이 없이 떠돌아다니며 방탕한 생활
을 하는 사람

중세 말에서 근대 초기의 유럽 사회는 공통적으로 부랑 인구의 급증이라는 사회 현상을 겪었다. 부랑인을 뜻하는 영어 단어로는 'vagrant', 'vagabond', 'idler', 'traveller' 등이 있다. 이 용어들은 '무책임한 생활을 보내는', '아무짝에도 못쓰는'

등 부정적이고 경멸적인 의미와 뉘앙스를 가지고 있다. 이처럼 부랑인을 뜻하는 단어가 다양하다는 것은 부랑인의 범주가 매우 넓었으며, 정의 또한 모호했다는 것을 뜻하기도 한다. 그러나 당시 지배 계층들이 생각하는 부랑인은 기본적으로 일을 하지 않는 사람 전반을 의미했다.[24]

아울러 지리적 장소 개념이 부랑인을 규정하는 기본적 틀이기도 했다. 부랑인이 아닌 자는 일을 하는 사람이며, 한 곳에 머물러 살아야 한다는 고정관념이 적용된 것이다. 결국 일정한 지역에 살며 일을 하는 사람을 제외한 나머지를 모두 부랑인으로 규정할 수 있었다. 이러한 인식을 바탕으로 영국에서는 15~16세기에 다양한 부랑인 법이 만들어졌다. 한 조항을 보면 "빈둥거리면서 자신의 생계를 어떻게 이어 나가는지 설명하지 못하는 자"를 부랑인으로 취급하였으며, 신체가 건강함에도 불구하고 부랑인으로 적발될 시에는 매질과 투옥 등 가혹한 벌이 내려졌다. 재범에게는 매질을 하고 한쪽 귀를 잘랐다. 세 번째로 잡혔을 때에는 나머지 귀마저 잘라내는 형벌을 내렸고 반복적인 경우 사형을 내리기도 하였다. 그러나 이와 같은 형벌은 너무나도 가혹한 것이었다. 왜냐하면 당시 걸인과 부랑인은 생계 수단을 찾지 못해 거리로 나간 이들이 대부분이었기 때문이다. 그들은 20세기 초반 대공황기의 실업자들과 같은 처지에 놓였던 사람들로 구걸이나 떠도는 삶이 체화된 사람들도 아니었다. 당시 많은 부랑인들은 부랑인이 되기 위해 도시로 온 것이 아니었다. 실업과 인클로저로 인해 도시로 일자리를 찾아왔으나, 마땅한 일자리를 찾지 못했을 뿐이다. 그럼에도 이들에게는 몇 차례의 구걸과 거리를 떠도는 것만으로도 잔혹한 형벌이 내려졌다. 이러한 부랑인에 대한 제재는 봉건제 붕괴로 인한 사회·경제 질서의 혼란을 가라앉히고 기존 체제를 정비·강화하겠다는 지배층의 의도를 노골적으로 드러낸 것이었다.[25]

우리나라의 경우 부랑인에 대한 국가적 관리가 시작된 것은 식민지 시기였다. 당시 경찰에 검거된 자들을 보면 "주소도 분명치 않고 일정한 직업 없이 각 방면으로 배회하면서 펀펀히 놀고먹으며 빈들빈들 돌아다니는 것이 관내 풍기를 문란케 한다."는 근거로 구류처분을 하였다. 그러나 여기서 눈여겨볼 것은 거리에서 노숙을 하거나 음식을 구걸하는 것이 아닌 "놀고먹으며", "빈들빈들 돌아다니는" 이다. 당시 부랑인 단속은 일반적인 부랑인 단속과는 달랐다. 당시 일제는 조선의 명문 양반 자제들에게 "날마다 기생집과 요리집에서 부랑을 교육"하는 이미지를 씌움으로써 식민지 구지배층의 무능함과 나태함을 강조·선전하였다.[26]

해방 직후 해외동포가 귀국하면서 사회적 인구 이동이 발생했다. 서울, 부산, 대구, 마산, 대전 등의 도시에서는 급격한 인구 증가 현상이 나타났다. 1950년 6.25 전쟁에 의해 다시 격심한 인구 변동이 일어났는데, 부산을 비롯하여 대구, 광주, 대전 등으로 북한에서 월남한 피난민들이 모여들었다. 이는 거리 노숙과 음식을 구걸하는 부랑인 증가로 이어져 당시 사회의 큰 문제였다. 주권이 없던 식민지 시기와는 다르게 부랑인과 걸인 등은 대외적으로 국가 체면을 손상시킨다는 점이 당시에는 주된 이슈였다. 이 시기 부랑인 단속은 수용시설에 부랑인들을 감추어 둠으로써 이들을 비가시화[27]하는 데 중점을 두었다.

그러던 것이 군사 정권 등장으로 변화한다. 5.16 군사 쿠데타로 집권한 이들은 사회 정화라는 명목하에 부랑인에 대한 강력한 탄압을 실시한다. 당시 집권층에게 부랑인은 국가의 후진성을 상징하는 지표였으며, 생존을 위해 언제든 범죄를 저지를 수 있는 잠재적 범죄자로 규정되었다. 이런 인식의 변화는 통계 자료의 변화를 통해 알 수 있다. 1955년부터 보건사회부 통계연표에 수록되기 시작하였던 "부랑아 수용보호 상황표"가 1962년에 "부랑아 단속 및 조치 상황표"로 대체되었다. 수용인원의 총수 및 수용 현황을 조사하여 기록하는 것에서 수용인원이 아닌 단속인원을 총수로 하여 그들에게 각각 어떤 조치가 취하여졌는지가 세부항목으로 기재되었던 것이다.[28]

그림 3-11. 사람이 앉지 못하도록 철제 볼트가 박힌 석재 볼라드

외국인의 눈도 있고 한데 나라체면이 손상되는 일임에는 틀림없다. … 불구자나 병약자라면 적당한 수용대책을 강구하고 노동력이 있는 사람은 정도에 따라 근로의 기회를 주어 일소하여 주기를 … [후략]   – 동아일보, 1976.4.8

지배층에게 거리를 배회하고 음식을 구걸하는 이들은 주권국가의 체면을 손상시키는, 이 사회에 존재해서는 안 될 이들로 인식되었다. 노숙인들은 더럽고, 위험한 인물이며, 무능력하고 게으른 사람들로 분류되었다. 또한 노동윤리를 위반한 사회에 어울리지 못하는 비정상적인 주체로 규정되었다.

이처럼 노숙인과 부랑인을 거리에서 몰아내려는 정책들은 최근에도 시행되었다. 2010년 8월 코레일은 노숙인이 시민들에게 불편함을 유발하고 있으며, 범죄를 예방한다는 이유로 서울역에서 강제퇴거 조치를 내린 일이 대표적이다. 또한 2016년 9월 서울의 한 극장 앞에 노숙인과 노인들이 몰려들지 못하게 하기 위해 사람이 앉을 수 있는 석재 볼라드 위에 철재 볼트를 설치한 일이 있었다. 주변 상인들은 "종로 일대를 찾는 노인과 노숙인들이 유독 이 건물 앞쪽에 몰려들어 술

판이 벌어지거나 담배를 피워 손님들 발길이 뜸해졌다"고 주장하였다. 그러나 시민들은 "장사하는 사람들의 입장이 충분히 이해도 되지만, 노숙인과 노인을 혐오의 대상으로 여겨 '혐오물'을 설치한 꼴"이라며 씁쓸해 했다.[29] 이는 미셸 푸코(Michel Paul Foucault, 1926~1984)가 말한 삶을 지배하는 권력의 두 가지 형태 중 시간 사용에 대한 통제와 공간에 대한 구획을 통하여 삶의 방식을 조직하는 인간 신체에 대한 해부-정치(anatomo-politics of human body)로 볼 수 있다. 또한 배제와 차별의 대상이 노숙인과 부랑인에서 '노인'에게까지 확대될 수 있다는 것을 보여 준다.

이처럼 빈민이 사회 전면으로 등장하게 되자 지배 세력은 긴장하게 된다. 일반 대중들도 불편한 감정과 불안감을 드러낸다. 그러나 빈민에 대한 사회의 문제의식은 빈곤의 해결 방법을 모색하기 보다는 빈민들에 대한 사회적 반감으로 나타났다. 이와 같은 반감은 위 사례와 같이 대상에 대한 배제와 차별로 나타난다.

빈민법의 제정, 빈민 문제에 대한 국가의 개입

빈민의 사회적 등장은 결국 국가의 개입을 촉발시켰다. 영국에서 빈민에 대한 국가의 개입은 빈민법(poor laws)으로 요약할 수 있다. 그러나 빈민에 대한 최초의 국가 개입은 노동자법(Statues of labourers)이었다. 이 법은 흑사병 이후 급증한 농업 노동자의 임금을 억제하려는 것이 직접적인 목적이었으며, 크게 두 가지 내용으로 이루어져 있었다. 한 가지는 현직 노동자에 대한 규제 조치였고 또 다른 한 가지는 노동하지 않는 빈민에 대한 규제였다. 법은 노동할 능력이 있는 모든 남녀에게 노동의 의무를 강제하였다. 따라서 노동 능력이 있는 사람의 구걸 행위를 금지하여, 당시 교회의 자선활동은 제한되었다. 노동 능력 여부를 기준으로 구빈 제공 대상자를 판단하는 이 조치는 빈민 규제와 관련된 입법으로는 처음이었으며, 이것은 향후 모든 빈민 관련 입법에서 하나의 기준으로 확고하게 뿌리를 내리게 되었다.[30]

영국의 빈민법 역사에서 1601년은 특별한 해이다. 이유는 과거에 존재하던 빈민 관련 법률을 하나로 통합하는 법이 만들어졌기 때문이다. 일명 '엘리자베스 빈민법(구 빈민법)'인데 이 법은 영국 최초의 빈민법이었다. 당시 빈민법이 만들어진 배경에는 엘리자베스 1세 통치 후반기 수차례 발생한 흉년과 무역 쇠퇴로 인한 범죄 증가와 물가 폭등, 실업자 발생 등으로 거리의 부랑자와 빈민이 증가했기 때문이었다. 당시 빈민법은 빈민에 대한 구제의 책임을 빈민이 거주하는 지역에 부과하였기 때문에 빈민의 거주지는 아주 중요했다. 빈민법 시행 초기에는 대상자가 적어 빈민의 거주지에 대한 분쟁이 적었다. 그러나 빈민법 시행이 확대되면서 빈민의 거주지 문제가 갈등의 주요 원인으로 작용하게 되었다. 이에 따라 1662년 정주법(The Settlement Act)이 만들어지게 되었는데, 핵심은 자신의 법적 거주지에서만 구호를 받을 수 있다는 것이다. 결국 빈민들이 구호를 받을 수 있으려면 자신의 거주지, 즉 지리적 근거가 있어야만 했던 것이다. 빈민법이 시행된 이후 각 지역마다 빈민 구호에 들어가는 비용이 증가해 큰 문제가 발생했다. 이에 비용 절감 등의 이유로 노역소(workhouse)를 만들어 빈민들을 수용하기 시작했는데, 1723년 만들어진 노역소 테스트법(workhouse test act)을 통해 노역소 입소를 구호의 전제 조건으로 만들었다. 이는 노역소 입소를 거부하는 빈민에게는 구호를 제공하지 않겠다는 것으로, 과거에 존재하던 재가구호가 사라진다는 것을 의미한다. 사실 이 법에 노역소에 입소한 빈민들에게만 구호를 제공함으로써 비용을 줄이겠다는 의도와 노역소를 공장처럼 운영해 이윤을 내겠다는 숨은 의도가 있었다.[31]

도덕경제에서 시장경제로의 변화, 신 빈민법의 등장

　구 빈민법은 맬서스 같은 사람들에 의해 실업자를 양산하며 경제적 비용이 많이 드는 비효율적 정책이라는 비판을 끊임없이 받는다. 일례로 1790년에서 1820년 사이 빈민 구호로 들어가는 세금은 네 배나 증가했으며, 1830년에는 빈민세 지출이 국가 전체 지출의 25%를 차지할 정도였다.[32] 이에 따라 1834년 신 빈민법이 만들어진다. 신 빈민법은 도덕경제가 현대적 의미의 시장경제로 대체되는 과정의 산물이었다. 도덕경제란, 배타적 경쟁 논리가 아닌 공유지를 기반으로 상부상조하며 살았던 옛사람들의 삶의 방식을 의미한다. 그러나 사적인 정서의 지배를 받는 인간관계는 현금이 중심이 되는 새로운 관계로 바뀌게 되었다. 구 빈민법은 같은 마을에 살면서 사적으로 익숙한 사람들에게 자의적으로 구호를 제공하는 것으로, 도덕경제의 속성과 잘 맞았다. 그러나 새롭게 등장한 시장경제 체제는 빈민법의 변신을 요구했다. 변신의 방향은 지역적인 것에서 전국적인 것으로, 자의적인 것에서 표준적인 것으로, 사적이고 정서적인 관계에서 관료주의의 지배를 받는 관계로의 변화이다.[33]

그림 3-12. 『올리버 트위스트(Oliver Twist)』 초판본

　이와 같은 빈민법의 변화에는 당시 사회의 빈민에 대한 인식과 태도 변화에도 영향을 미쳤다. 17~18세기 영국 사회는 농업사회가 산업사회로 바뀌어가는 시기로, 과거 빈민에 대한 온정

주의적 태도는 산업 사회 발달의 걸림돌로 여겨졌다. 상호 부조를 바탕으로 하는 도덕경제에서 배타적 이익과 자유 시장 논리를 중시하는 시장경제로 변화한 것이다.

앞에서도 언급했듯이, 맬서스는 빈민법에 대해 아주 비판적이었다. 빈민법과 같은 인위적인 도움이 빈민들의 출산율을 높이고 일하고자 하는 욕구를 떨어뜨려 빈곤을 해결하는 것이 아니라 오히려 빈곤을 확대하는 원인이 된다고 하였다. 그런데 맬서스와 함께 빈민법 비판에 앞장선 인물이 있었는데, 바로 공리주의 사상의 대표자인 제러미 벤담(Jeremy Bentham, 1748~1832)이었다. 그는 빈민법 개혁안에 노역소의 생활수준을 최하로 만들어 빈민들의 구빈 신청을 원천적으로 억제해야 한다는 주장을 담았다. 이런 주장은 신 빈민법에 '열등 처우의 원칙'으로 실현되었다. 이는 빈민 구호의 수준이 구호를 받지 않고 살아가는 노동자 중에서 가장 낮은 임금을 받는 노동자의 생활수준보다 낮아야 한다는 것이다. 이런 수준은 당시 교도소 수준과 비슷하다. 이것은 과거 상호부조적인 도덕경제의 유물을 완전히 씻어내기 위한 자유방임주의자들의 이데올로기적 공격이었다.

감정의 과잉이 불러온, 무관심의 사회

찰스 디킨스(Charles John Huffam Dickens, 1812~1870)의 『올리버 트위스트(Oliver Twist)』를 보면 19세기 빈민들의 비참한 처지를 간접적으로 확인할 수 있다. 1837년 집필된 이 소설은 당시 영국 사회의 급격한 산업화와 불평등한 계층 문제를 날카롭게 비판했다. 또한 예리한 시대비판 정신으로 범죄자들의 생활상을 실감나게 묘사한 이 작품은 많은 사람에게 신 빈민법이 가져온 참상을 알리는 역사적 자료로서 인정받았다.

소설의 배경이 되는 1830년대 영국의 런던은 급격한 근대화의 소용돌이에 내몰린 농촌 노동자와 실직자들이 모인 세계 최대의 인구밀집 지역이었다. 당시 런던의 빈민지역에는 소설의 주요 인물들인 도둑과 소매치기, 매춘부 등이 많이 거주하였다. 이들은 국가 지배층들에게 잉여에 대한 증오와 불순한 자에 대한 우려를 불러일으키는, 사회의 암적인 존재로 인식되었다.

현대 사회에서 노숙인과 부랑인 같은 사회의 잉여적 존재들은 경제주의적 합리성 담론에 의해 범주화되고 있다. 즉, 사회에 얼마나 쓸모가 있는지 여부가 이들을 구별하는 중요한 기준인 것이다. 그중에서 경제적 효율성이 가장 핵심이다. 그런데 이러한 담론은 경제적으로 효율성을 지니지 못한 인간 모두를 잠재적 잉여 인간으로 분류한다. 예를 들어, 청년실업자는 물론 구직을 단념한 사람, 장기 실업자, 노동시장에 진입하지 못한 모든 인간들까지 잠재적 잉여 인간으로 분류한다. 그리고 이들은 이 사회를 위협할 수 있는 잠재적 위험인물로 규정된다. 이런 잉여인간에 대한 두려움은 이들에 대한 배제·차별과 같은 공포정치로 작동하기도 하지만, 한편으로는 이들에 대한 연민의 정치도 작동한다. 이들의 처량함과 불쌍함을 외면하는 사회적 냉혹함에 대한 우려와 불안이 그것이다.

무더위가 기승을 부리는 한여름이나 혹한기에 TV를 보면 노숙인 관련 뉴스가 자주 실린다. 방송사나 각종 자선단체들은 조직적으로 후원금을 모금하기도 한다. 때로는 유명 연예인이 수천만 원의 기부금을 냈다는 기사도 보인다. 이와 같이 동정심에 호소하는 광고들이 늘어나면서 노숙인은 현실세계에 존재하지 않는 상상 속 이미지로 변질되며, 도처에 보이는 기부와 관련된 보도와 광고들로 사회는 동정심으로 가득 차게 된다.

그런데 이런 상황은 오히려 사람들에게 "동정심 피로"를 느끼게 만든다. 그로 인해 노숙인과 같은 사회적 약자에게 냉담하고 무관심하게 만들며, 기계화된 동정심을 확산시킨다. 그리고 이와 같은 기계화된 동정심은 결국 무관심으로 전환

된다. 이와 같은 현대사회의 모습을 미국의 사회학자 스테판 메스트로비치(Stje-pan Mestrovic, 1955~)는 탈감정사회(postemotional society)라고 규정한다.[34]

탈감정사회는 조작되고 대량생산된 기계적 감정이 지배하는 사회를 의미한다. 그렇다고 현대 사회에서 감정이 사라진 것은 아니다. 단지 진짜 감정이 아닌 가짜 감정들이 그 자리를 대신하며 사람들은 조작된 감정을 소비한다. 따라서 현대 사회는 감정이 결핍된 사회라기보다는 감정이 필요 이상으로 과잉된 사회라고 할 수 있다. 이와 같은 '과잉 감정'은 무관심의 내면화로 이어진다. 사회적 약자에 대한 관심이 실제 대상에게 쏠리지 않고, 이 문제를 대신 이야기해 주는 유명인사에게만 쏠릴 뿐이다. 2007년 출간된 『88만 원 세대』에서 청년 세대의 실업과 비정규직 문제를 다루어 사회적으로 크게 이슈화 되었지만, 관심은 이 책과 저자에게만 쏠렸을 뿐 현실은 크게 변하지 않았다. 또한 최근 '루저', '이태백', 'N포세대' 등의 신조어가 등장하며 이삼십 대 청년 문제에 관한 담론이 만들어지기는 하지만, 이런 현상은 청년 세대의 현실을 변화시키기 보다는 오히려 청년 세대의 불안과 위험을 상업화하는 결과를 낳고 있다.

가난을 엄벌하는 사회[35]

맬서스와 같은 이론가들은 개인의 가난을 근대자본주의 국가의 구조적 모순이 아닌 오로지 개인의 도덕적 결함과 나태함에서 그 원인을 찾았다. 따라서 나태하고 결함이 많은 개인들은 구제가 아닌 효율적인 통제가 필요했고 그것이 적극적·예방적 억제였던 것이다. 이와 같이 모든 문제의 원인을 개인에게 전가하는 이데올로기는 신 빈민법의 개정과 이 법에서의 사생아 조항(bastardy clause)으로 나타나는데, 이 부분은 앞에서 언급한 『올리버 트위스트』에 잘 묘사되어 있다.

기존의 빈민법에서는 사생아를 낳을 경우 가톨릭교회 담당자가 아이의 아버지를 찾아서 그에게 양육비를 청구하거나 결혼을 하도록 조치를 취하였다. 그러나 맬서스 같은 이들은 이런 온정주의적 조치는 무책임한 출산을 조장한다고 비판하였다. 결혼을 하지 않은 여성이 대책 없이 아이를 낳는 것은 큰 벌을 받아야 할 행동으로 치부되었다. 따라서 신 빈민법은 미혼모들이 가톨릭교회의 도움을 받지 못하도록 하였으며, 여성이 아이를 양육할 수 없을 경우 강제로 노역소에 들어가도록 했다. 그 결과 신 빈민법의 사생아 조항은 남자들에게 자신의 아이에 대한 어떤 책임도 지지 않도록 면죄부를 주었으며, 반대로 여성에게 모든 책임과 부담을 주었다. 하지만, 당시 영국의 빅토리아 시대 여성에게는 주체적 행동이나 결정권이 인정되지 않았다.[36] 그런데 사생아 조항에서만은 여성의 자율적 결정권을 전적으로 인정하고 있다. 이런 역전된 여성의 자기 결정권은 여성의 정조를 중시해 은장도를 휴대하게 한 우리나라의 조선 시대 여성들에게서도 발견된다. 여성 본인의 주체적 결정권은 부재한 채, 정조를 잃을 경우 일방적으로 자신의 목숨을 끊도록 여성에게 강요한 것이다.

고아인 올리버는 바로 노역소에서 생활하는데 '흰색조끼를 입은 신사'(관리 중 한 명)에게 "그가 교수형에 처해질 것이다", "내 평생 이 녀석이 결국 교수형을 당하게 될 거라는 것만큼 확신이 서는 일이 없다"라는 말을 듣는다.[37] 이 말은 당시 지배층들의 사고방식을 보여 주고 있다. 그러나 가난한 사람들에게 복지가 아닌 강압적 처벌을 한 것은 과거의 일만은 아니다. 20세기 후반 확산된 신자유주의 이론은 작은 정부를 지향하면서 시장에 많은 자유를 허용해야 한다는 주장을 한다. 그러나 신자유주의의 이런 주장은 개인의 자유 신장이 아니라 기득권 세력의 권력 장악을 위한 이념적 선전일 뿐이라는 비판도 있다.

사생아 조항은 모든 책임을 개인에게 부과해 가난을 죄악시하는 것으로 무관용 원칙이 적용된 것으로 볼 수 있다. 무관용 원칙이란 1994년부터 2001년까지 뉴욕시장을 지낸 루돌프 줄리아니(Rudolph Giuliani, 1944~)가 뉴욕시 치안 유지를 위해 적용한 원칙으로, 사소한 무질서를 방치하면 사회 전체에 범죄가 확산된다고 보는 관점이다. 또한 인간은 사회 불평등이 가져온 결핍 때문이 아니라 정신적·도덕적 태만으로 범죄자가 된다는 주장을 받아들였다. 이는 범죄 발생의 원인을 전적으로 개인의 책임으로 돌리는 것이다. 뉴욕시는 경찰 관련 예산은 과도하게 증대시킨 반면 사회복지 예산은 삭감시켰다. 또한 범죄를 줄인다는 명분하에 가난한 지역 사람들을 집중적으로 감시했으며, 사소한 난동, 방뇨, 고성방가 등의 경범죄를 이유로 시민들을 체포하는 일이 증가했다.

오늘날 가난한 자들에게 차별적인 제도 중 대표적인 것으로 벌금 제도가 있다. 벌금형은 다소 가벼운 범죄를 저지른 사람들에게 교도소에 가두지 않는 대신 돈으로 죗값을 치르게 하는 형벌이다. 그러나 벌금형이 노역장 유치와 연결되면서 차별적 성격이 나타나게 된다. 형사사건의 약 90%는 벌금형으로 종결된다. 법무부 통계에 따르면 그중에서 노역장에 유치된 이들은 1년에 약 4만 명 정도라고 한다. 한마디로 돈이 없어 노역장에 갇히게 되는 것이다. 그런데 이런 제도가 어떤 이들에게는 벌금을 회피할 목적으로 이용되기도 한다. 2014년 벌금 249억 원 등을 내지 않고 해외로 도피하다 체포된 허재호 전 대주그룹 회장에게 49일간의 노역을 판결한 사건이 바로 그것이다. 계산하면 일당 5억 원인 셈인데, 상식적으로 생각할 수 있는 노역의 하루 일당을 생각해 보면 대다수 시민들이 느끼는 허탈감과 분노는 당연할 것이다.

최근 일수벌금제가 논의되고 있는 것은 벌금형 제도의 문제점을 개선하기 위해서이다. 일수벌금제는 범행의 경중에 따라 일수를 정하고 피고인의 재산 정도를 기준으로 산정한 금액에 일정 비율을 곱해 최종 벌금액수를 정하는 것이다. 벌금을 소득의 많고 적음에 따라 차등적으로 부과해야 적절한 효과가 나올 수 있다는 발상에서 나온 제도다. 소득 수준에 따라 벌금을 부과하게 되므로 소득이 적은 이들의 강제노역 가능성도 그만큼 줄어들 수 있을 것이다.

빈민의 삶, 빈민의 삶의 목소리, 노역소

비참한 노역소의 삶을 산 유명 인사로는 20세기 최고의 희극배우 찰리 채플린 (Charles Chaplin, 1889~1977)이 있다. 채플린은 어렸을 때 부모님이 이혼을 하면서 어려운 유년 시절을 보냈는데, 일곱 살이던 1896년에 어머니, 형과 함께 런던의 한 노역소에 들어가게 되었다. 노역소 규정에 따라 머리를 짧게 깎고 제복으로 갈아입은 채플린은 사랑하는 어머니와 헤어지던 당시를 다음과 같이 회고하고 있다.

> 형이나 나나 빈민구호소가 어떤 곳인지 잘 몰랐다. 그러나 빈민구호소에 발을 들여놓는 순간 나는 그곳이 어떤 곳인지 뼈저리게 알 수 있었다. 정말 슬픈 날이었다. 빈민구호소에서 우리는 같이 살 수 없었다. 어머니는 여자 숙소로 우리는 어린이 숙소로 각각 배정을 받았다. 나는 버림받았다는 느낌이 들었다. 어머니와 처음으로 면회가 허락된 날의 그 비통하고 애통한 마음을 나는 아직도 잊지 못한다.
>
> – 찰리 채플린, 2007, 45p.

당시 노역소에 입소한 이들은 노인과 심신이상자, 아동, 건강한 남자, 건강한 여자 등의 기준으로 별도의 구역에서 떨어져 지내야 했다. 이와 같이 입소자들을 분류하고 가족을 함께 살지 못하도록 한 것은 신 빈민법의 의도적 정책이었다. 그런데 당시 기록을 보면, 남편과 아내를 분리시킨 이유가 '번식(breeding)'을 막기 위한 조치였다고 한다. '출산'이라는 용어 대신 번식이라는 표현을 사용한 것에서

아이 갖기를 주저하는 사회

그림 3-13. 찰리 채플린(Charles Chaplin, 1889~1977)

노역소에 입소한 빈민들에 대한 적대감과 혐오감이 여실히 드러난다. 아이와 부모를 분리시킨 이유는 조금 더 놀랍다. 빈곤한 부모에게 아이를 맡겨두면 아이 역시 부모와 똑같이 빈곤하고 게으른 인간으로 성장할 것이라는 가정 때문이었다. 이런 우생학적 논리는 결국, 많은 어린아이와 부모들에게 채플린의 경우처럼 지울 수 없는 상처를 남겼다.[38] (이런 논리는 20세기 초·중반까지 오스트레일리아 정부에 의해 원주민 어린이를 그들의 부모로부터 분리시키는 정책으로 나타나기도 했습니다. 부모로부터 강제로 떨어져 지냈을 아이와 부모의 슬픔이 느껴집니다.)

신 빈민법 규정에 따라 노역소에서는 아동들에게 교육을 시켜야 했다. 채플린 또한 노역소에서 학교생활을 했는데, 학교의 어두운 분위기 때문에 힘들어 했다고 한다. 또한 당시 노역소가 '교도소'라고 불렸기 때문에 노역소 밖을 나갈 경우 마을 사람들이 자신을 경멸어린 눈빛으로 쳐다봤다며 당시의 슬픈 상황을 묘사하고 있다. 고통스런 학교생활은 이런 외부의 시선뿐만이 아니었다. 아이들에게 가해지는 체벌은 정도가 심했다.

군용식탁은 학교에서 책상 대용으로 쓰던 것을 체벌대로 따로 개조한 것이었다. … 책상 오른쪽 앞에는 손목을 붙들어 맬 수 있도록 가죽 끈이 달려 있었고, 그 옆에는 체벌에 쓸 자작나무로 만든 커다란 몽둥이가 기분 나쁘게 매달려 대롱거렸다. … 매는 최소 세 대에서 최대 여섯 대까지였다. … 어느 목요일, 나는 내 이름이 호명되는 것을 듣고 소스라치게 놀랐다. 나는 내가 무슨 잘못을 했는지 전혀 기억이 없었다. 그러나 이유가 뭐든 내 이름이 불리자 다리가 후들거렸다. 왜냐하면 죄가 있든 없든 내 이름이 호명된 이상 무시무시한 체벌을 피해갈 수는 없었기 때문이다. 다음 날, 나는 판결을 받기 위해 앞으로 걸어 나갔다. 교장이 말했다. "네 죄목이 뭔지 아느냐? 화장실에 불장난을 한 거야!" 그러나 이것은 사실이 아니었다. 내가 화장실에 볼일을 보러 들어갔을 때 애들 몇이 종이에 불을 붙여 장난을 치고 있었던 것은 분명하다. 그러나 나는 불장난에 끼지 않았다. 교장이 물었다. "맞아, 틀려?" 나는 너무 긴장한 나머지 "맞습니다"라는 말이 입에서 저절로 튀어나왔다.

– 찰리 채플린, 2007, 53-55p.

4. 아, 맬서스여

영화 속에서 나타나는 인구 조절

　2013년 개봉한 봉준호 감독의 영화 〈설국열차〉는 미래사회에 대한 디스토피아적 설정에서 이야기가 시작된다. 지구가 온난화로 더워지자 과학자들은 기온을 조절하는 냉각제 CW7을 공기 중에 살포한다. 그러나 부작용으로 지구는 냉동고처럼 얼어붙게 되고 지구상의 생명체는 모두 사라지게 된다. 단, 인류의 종말을 예견한 과학자 윌포드가 특수 제작한 열차에 탑승한 사람만이 살아남게 된다.

　성경의 '노아의 방주'에 비유된 이 열차에는 식량자원이 고갈된 상황에서 바퀴벌레로 만든 '단백질 블록'을 먹으며 겨우 목숨을 부지하는 꼬리 칸의 사람들(프롤레타리아)이 있는 반면, 재앙적 상황에도 불구하고 스테이크와 포도주를 먹을 수 있는 앞 칸의 사람들(부르주아)이 각각 격리되어 살고 있다.[39]

　영화 속에서 폭력적이고 강압적인 맬서스주의의 흔적은 영화 〈설국열차〉 곳곳에 나타난다. 커티스가 남궁민수에게 과거 꼬리 칸에서 저지른 살인에 대해서 이야기하는 부분이 대표적이다. 과거 꼬리 칸에 식량이 공급되지 않았을 때, 꼬리

칸의 사람들이 살아남기 위해 타인의 팔과 다리를 먹었다는 이야기이다. 살아남
기 위해 살인귀가 되어 버린 커티스를 인간으로 만들어 준 사람이 바로 꼬리 칸의
지도자 길리엄이었다. 길리엄은 살인귀로 변해버린 커티스에게 자신의 몸을 내
어줌으로써 그를 인간으로 다시 태어나게 했다.

얼어 버린 땅에서 살아남기 위해 '겨우' 탑승한 자들에게 앞 칸의 지배자들은 식
량 공급을 끊음으로써 인구수를 조절한 것이다. 즉, 인구가 과잉된 꼬리 칸에서
강한 자는 살아남고 약한 자는 도태되도록, 인위적으로 잔인한 상황을 조성한 것
이다. 맬서스식 인구 균형론을 신봉하는 기차의 설계자 윌포드를 통해 맬서스 이
론의 잔인성을 엿볼 수 있다.

바보야, 문제는 구조야!

영화 〈설국열차〉 후반부에 나오는 윌포드의 다음 대사는 무차별적 인구 통제와

인구 과잉을 무기와 폭력적 수단으로 제압하는 지배층의 기만적 태도가 잘 나타난다.

> 우리 모두 이 빌어먹을 기차 고철덩이 안에 갇힌 죄수야. ⋯ 이 기차는 폐쇄 생태계라네. 우린 균형을 유지해야만 해. 공기, 물, 음식공급 그리고 인구같은 것들 말이지. 이것들의 균형이 꼭 유지되어야만 해. 최적의 균형을 위해서는 강경한 대책이 필요한 때도 있는 법이지. 인구 감소가 필요할 때가 있지. 아주 급격한 감소말이야. 그래서 억지로 머릿수의 균형을 맞추어야 해. 혁명도 균형을 유지하기 위해 길리엄과 내가 동의한 한 가지 방법이다. (영화〈설국열차〉중에서, 1:38:35)

윌포드는 "폐쇄된 생태계에서는 개체의 수를 조절하는 게 중요하다"고 주장하며, 생존이라는 욕망을 통해 비인간적 폭력을 정당화하는 지배 세력의 헤게모니를 구성하고 있다. 또한 기차 앞 칸의 아이들이 수업을 받는 장면에서 한 아이가 "꼬리 칸 사람들은 게을러서 자기 똥 위에서 잔대요"라며 비웃는 장면은 보수적인 신자유주의 교육을 떠올리게 만든다. 자신이 특권을 누릴 수 있는 사회의 불평등한 구조를 당연시하며, 한 개인의 빈곤과 불행을 모두 개인의 탓으로 돌리고 있다. 즉 계급 간 지배와 피지배의 관계를 개인들이 처한 상황과 구조의 문제로 환원하기보다, 개인의 인성이나 도덕의 문제로 보고 있는 것이다. 이는 전형적인 강자의 논리이다.

현재 우리 사회의 모습을 살펴보면, 이와 같은 강자의 논리를 신봉하는 사회 지도층들의 태도를 알 수 있다. '정말 간절하게 원하면 온 우주가 나서서 도와주고 꿈이 이뤄진다'는 지도자의 시대착오적인 말, 그리고 '헬조선'이나 '흙수저' '3포세대' 등 현재 우리 사회에 만연한 신조어처럼 사회과학적으로 연구 대상이 된 사회문화적 담론들까지도 젊은이들의 자기비하 및 비관이라며 꾸짖기까지 한다. 지배충들이 보기에 꼬리 칸 사람들이 지저분하고 청결하지 못한 건 오로지 그들의 게으름과 나태함 때문이듯, 현대 사회의 직장이 없고, 자신의 나라를 '헬'이라 비판하는 젊은이들 역시 그들이 나약하기 때문에 문제라는 것이다.

영화 〈설국열차〉의 중요한 상징은 기차가 하나의 사회 구조를 의미한다는 것이다. 기차의 앞 칸 사람들은 기차를 멈추고 밖으로 나간다는 것은 구조가 파괴되는 것으로 이는 모두에게 죽음을 가져올 뿐이라고 강조한다. 그래서 모두 '자기의 자리'를 지키라고 강조한다. 그러나 자기에게 주어진 '자기의 자리'에 대해 비판적인 의문을 제기하지 않는다면, 현재의 빈곤과 소외, 착취의 문제는 해결되지 않을 것이다. 월포드는 커티스의 혁명이 '폐쇄 생태계'라는 특성을 가진 기차 안에서는 오류이며, 성공할 수 없다는 것을 지적하며 맬서스의 '인구론'을 통해 생명을 정치화할 필요성을 강조한다. 열악하고 위험한 열차 환경을 생각해, 지배 권력은 통제나 치안뿐만 아니라, 인구 자체의 관리를 중요시하게 된다. 국민의 건강과 생명을 지배 권력이 통제해야 한다는 것이다. 이는 과거 맬서스가 말한 '예방적 억제'나 '적극적 억제'와 다를 것이 없다.

죽을 수 있지만, 희생될 수 없는 존재들?

자신의 생명마저 통치의 수단으로 이용되는 꼬리 칸 사람들은 조르조 아감벤(Giorgio Agamben, 1942~)이 말한 호모 사케르(homo sacer, 벌거벗은 생명)로 분류할 수 있을 것이다. 꼬리 칸 사람들은 열차라는 시스템을 구축하기 위해 필요한 쓰레기로 치부된다. 그들은 기차 내의 균형을 유지하기 위해 언제든지 죽일 수 있는 존재이다. 하지만 그들의 죽음은 희생도 아니고 온전한 죽음도 아니다.

아감벤은 단순히 생물학적 삶을 넘어 '정치적'으로 가치 있는 삶을 살아가야 한

아이 갖기를 주저하는 사회

다는 입장으로 '인간은 생각하는 동물이다', '인간은 정치적 동물이다'라는 서양사상의 기본 축을 뛰어넘으려 한다. 아리스토텔레스는 인간의 생명을 두 가지로 정의하였다. 첫 번째는 단순히 생명체로서 살아있음을 뜻하는 '조에'와 두 번째는 어떤 개인이나 집단의 특유한 삶의 형태나 방식을 가리키는 '비오스'이다. 여기서 핵심은 올바른 삶을 지향하는, 이른바 좀 더 가치 있는 삶으로서의 비오스가 더 높은 단계로 여겨졌다는 점이다. 비오스란 마치 공동체에 속한다는 시민권의 개념 같은 것으로 볼 수 있다. 아리스토텔레스는 『정치학』에서 비오스를 가지지 않는 조에에 대한 경멸적 태도를 보인다. 따라서 서양의 초기 정치철학의 목표는 바로 조에를 가진 모든 인간이 가치 있는 비오스의 삶을 이뤄 갈 수 있도록 하는 것이다. 즉, 인간의 삶을 '단순한 삶'과 '가치 있는 삶'의 대립으로 이해하고 있는 것이다. 아리스토텔레스가 살았던 당시의 정치공동체로서의 폴리스는 바로 가치 있는 삶을 실현하는 공간이었다. 이는 폴리스 밖의 생명, 즉 가치 있는 삶에서 배제된 '벌거벗은 생명'이 존재하기 때문에 가능한 것이었다. 아감벤은 이를 "서양의 정치는 무엇보다 먼저 벌거벗은 생명의 배제에 기반해 있는 것[40]"이라고 말한다.

그런데 근대의 정치권력은 인구를 생물학적 생명이나 국민 건강 자체를 권력의 통치가 미치는 기본 단위로 인식하게 된다. 푸코는 "지난 수천 년 동안 인간은 생

비오스

조에

그림 3-14. 비오스와 조에

명을 지닌 동물이면서 덤으로 정치적인 삶을 누릴 능력까지 갖고 있다는 아리스토텔레스적 관점 속에 머물러 있었다. 그러나 근대적 인간은 생명 자체가 정치에 의해 문제시되는 동물이다."라고 말한다. 이와 같은 근대 권력의 통치 범위 확장은 인간 생명의 존엄성 확장이 아닌 인간의 동물화이다. 비오스를 누리는 인간이 아닌, 조에만을 가진 인간이도록 교육을 시키고 양산하며, 이들을 근대 정치권력의 대상으로 인식한다.

기술과 사회의 발달은 많은 분야에 걸쳐 폭넓은 지식을 확보할 수 있게 해 준다. 그로 인해 국가는 국민의 생명을 보호하는 다양한 힘과 기능을 확보하게 되었다. 그러나 이는 동시에 체제가 국민의 생명을 위협할 수 있는 가능성 또한 갖게 되었다는 것을 의미한다. 200년 전 맬서스가 주장한 인구 감소 정책에서 공격 대상이 되었던 이들이나, 열차 속 꼬리 칸 사람들은 비오스를 누리는 사람이 아닌 조에만을 가진 사람이다. 이들은 국가 공동체의 유지를 위해서는 언제든 사라져야 하는 존재로 인식되었다. 『올리버 트위스트』 속 올리버와 같은 도시 빈민들 또한 신 빈민법에 의해 강제로 수용되고 가려져야 할 존재로 여겨졌으며, 더 나아가 영국이 아닌 외국으로 추방되기에 이른 것이다. 바로, 유형 식민지가 그곳이다.

이처럼 인간의 생명 자체를 관리할 수 있는 국가 권력은 사회 제도 및 근대적 교육과 훈련을 통해 '비오스'를 가진 사람이 아닌, '조에'를 가진 사람 즉, '순종하는 신체'를 만들어 낸다. 현대 자본주의 사회는 바로, '순종하는 신체'가 있었기에 가능했다.

호모 사케르에게 없는 것은 명예다. 그러나 인간의 삶에서 명예는 목숨만큼이나 소중한 것이다. 어떻게 보면 이 명예는 생물학적 생명보다 더 소중한 것일 수도 있다. 그러나 명예를 모든 인간이 평등하게 누릴 수 있는 것은 아니다. 과거 전쟁과 같은 공무를 수행함으로써 지배층들은 명예라는 특권을 부여받았다. 사실 많은 정치인들과 지배층들은 자신의 사적인 이익을 위한 활동을 공적인 봉사인 것처럼 꾸며 명예를 부여받는다. 그러나 정반대편에서는 명백히 명예로운 활동이었음에도 국가로부터 명예를 부여받지 못하고 있다. 바로 공적으로 추모되지 못하는 이들이 우리 사회에 존재하는 '호모 사케르'인 것이다. 우리들이 국회의원을 뽑고, 그들에게 정치 활동을 할 수 있는 힘을 부여한 이유는 차별적으로 명예를 부여하는 '법'의 한계를 확인하기 위해서가 아니다. 이들이 해야 할 일은 바로 그 법의 '한계'와 '모순'에 의해 마땅히 받아야 할 명예를 부여 받지 못하는 수많은 국민들을 호모 사케르가 아닌 비오스를 가진 진정한 이 나라의 국민으로 만드는 일일 것이다.

인구는 서로 다른 개성을 지닌 개개인의 합 그 이상이다

〈설국열차〉는 자본주의의 발달과 사회의 계급 문제도 다루고 있다. 영화의 주요한 모티브인 기차는 산업혁명과 아주 밀접한 관계를 가지고 있다. 기차의 발명으로 산업혁명은 확장되었으며, 이농현상도 가속화되어 결국은 도시화로 이어졌다. 따라서 현재와 같은 자본주의가 탄생할 수 있는 배경에는 기차가 큰 역할을 했다.

영화 속에서 분리되어 있는 기차의 각 칸은 계급을 상징한다. 열차는 철저하게 계급으로 통제되는 사회 체제인 것이다. 가진 것이 없고 핍박받는 최하층의 꼬리 칸 사람들은 단백질 블록으로 '겨우 존재'하는 목숨들이다. 그러나 열차 안의 지배 층들은 그나마 열차 안에 있기 때문에 목숨을 부지하는 것이라며, 기차의 창조자 윌포드 님에게 감사하는 마음[41]을 가지며, 자기 자리를 지키라고 한다. 메이슨의 다음 대사는 이런 상황을 잘 보여 준다.

신발의 위치는 발이다. 나는 머리이고 여러분은 발이다. 모든 것에는 정해진 위치가 있다. 나는 앞쪽 칸에 속하고, 여러분은 꼬리 칸이다. (영화 〈설국열차〉 중에서, 0:18:35)

그러나 이를 통해 얻어지는 기차의 '질서'와 '안전'은 과연 누구를 위한 것일까? 아마 절대로 다수의 꼬리 칸 사람들을 위한 것은 아닐 것이다. 앞 칸의 소수 지배층들은 다수의 꼬리 칸 사람들의 희생으로 얻은 '균형'을 통해 모든 의식주 자원을 독차지한다. 이와 같은 열차의 모순적 상황은 마치 신자유주의가 득세하는 현실 자본주의의 모습을 많이 닮았다. 안토니오 그람시(Antonio Gramsci, 1891~1937)의 헤게모니 이론은 이런 상황을 이해하는 데 도움을 준다.

그람시의 헤게모니 개념은 각기 다른 위치에 있는 대중들(하위주체)이 거대한 사회질서 속에 편입되어 '자발적인 동의'와 합의를 통해 지배계급이 지적·도덕적 지도권을 가지게 된다는 것을 의미한다. 지배가 강제와 힘에 의한 것이라면, 헤게모니는 지적·도덕적 지도력에 의한 자발적 합의에 바탕을 둔 것이다. 그람시에 의하면 적대집단은 '지배'해야 하고, 동맹집단은 '지도'해야 한다.

헤게모니는 잠정적으로 고정되어 있는 것일 뿐 영구히 지속되는 것은 아니다. 그러나 대중들의 동의와 순응에 의해 지배계급의 통제가 가능하다. 이것이 가능한 이유는 대중들에게 지배계급의 논리를 부지불식간에 주입시켜 이를 자연스럽게 받아들이게 하며, 또한 지배계급은 이를 위해 교묘한 언어나 이와 관련된 작품들을 통해 지배계급의 이데올로기를 더욱 공고화시키기 때문이다.

이런 이유로 대중들은 현실 사회 질서 속에서 불평등하고 억압을 받는 상황에 처해져도 이를 자연스럽고 고정불변한 것으로 여기게 되는 것이다. 이런 체제에 순응하는 인간을 바탕으로 체제의 지속가능한 재생산이 가능하다. 그리고 더 나아가 체제의 지속가능한 재생산, 즉 열차의 끊임없는 운행을 위해 지배층들은 더 이상 꼬리 칸 사람들의 '자발적 동의'를 필요로 하지 않는다. 단지, 그들에게 폭력적인 통제와 희생만을 강요할 뿐이다.

현실 사회의 자본주의 시스템을 유지하기 위해서 끊임없이 소비하고 또 소비하는 '인구'가 국가에게는 필요하다. 하지만 그 인구 속 개개인은 소비를 해야만 하는 주체는 아니다. 또한 국민 개개인의 '개인적'인 상황들을 덮어 두고, 저출산 문제가 심각하니 국가와 사회를 위해 아이를 많이 낳으라는 현재의 저출산 담론은 심각하게 주객이 전도된 현상이다. 또한 아이를 많이 낳아야 하는 근본적인 이유에 대한 충분한 설명도 부재한 상황이다. (저는 인구 폭발의 정반대인 '인구 절벽'이라는 레토릭만 유행하고 있는 현재의 상황이 좀 이해가 되지 않습니다.)

필자가 중·고등학교를 다니던 1990년대 초반만 하더라도 학교에서 우리나라는 국토 면적이 좁고 인구가 많은 나라라고 배웠다. 자연스럽게 당시에는 출산 억제 정책이 국가 보건 정책의 목표였다. 그런데 불과 20여 년 만에 상황이 급 반전하여 모두 저출산이 문제라고 한다.

이 세상 누구도 '성장'에 반대하는 사람은 없을 것이다. 단지, 그 성장의 꿀물이 누구에게 얼마큼 공정하게 배분되는지 의심하고 고민할 뿐이다. 맹목적 성장보다는 분배와 균형이 갖춰진 성장, 그리고 무조건적인 출산 장려가 아닌, 우리나라의 자연환경과 경제적·사회적·정치적 상황에 적합한 적정인구(optimum population)에 대한 심도 있는 연구와 사회적 합의가 있어야 한다.

영화 〈설국열차〉 속에서 커티스의 반란이 성공하기 어렵다는 것을 알면서도 길리엄은 끝까지 커티스를 응원하고 지원했다. 그 이유는 명확하다. 설령 실패할 수밖에 없는 혁명이라도, 끊임없이 윌포드에게 정면 도전하는 저항만이 위로부터의 변화를 유도할 수 있다는 것을 길리엄은 알고 있었던 것이다.

한 개인의 의식은 자신만의 것은 아니다. 그 이유는 우리 모두 동시대에 형성된 이데올로기의 영향을 받기 때문이다. 필자 또한 그 영향에서 벗어날 수 없다. 텍스트의 기원은 저자의 단일한 의식에서 발생되는 것이 아니라, 다양한 시대의 목소리와 맥락 속에 있다고 볼 수 있다. 만약 어떤 저자의 머리 내부를 우리가 들여다볼 수 있다면, 우리는 그 속에서 저자의 유일한 생각이나 의도가 아니라, '이미 쓰여졌'거나 '이미 읽혀진' 과거의 기록들을 발견하게 될 것이다. 텍스트 내에 존재하는 신호(sign)로서의 텍스트는 특별한 사회적 맥락 안에서 수용되어야 한다. 따라서 맬서스의 인구론에 대한 해석과 현재 사회에 대한 적용은 맬서스가 살았던 당대의 사회적 맥락과 특수성을 이해한 상태에서 이루어져야 하며, 저출산 고령화 현상에 대한 이해 또한 그래야 할 것이다.

아이 갖기를 주저하는 사회

나오는 글

　이 책은 저출산과 고령화 현상에 대한 사소한 질문에서 시작되었습니다. '정말 문제일까?', '문제라면 누구에게 문제일까?', '좋은 점은 없을까?' 하는 질문들입니다. 비록 완전한 답은 얻지 못했지만, 인구 현상을 이해하기 위해서는 적어도 인구를 구성하는 국민 개개인의 행복과 마음이 중요하다는 점을 알게 되었습니다. 그리고 많은 자금이 투입된 정부 정책들이 별다른 효과를 보지 못한 이유도 어쩌면 국민의 입장과 상황을 헤아리지 않은 탓이 크지 않을까 생각합니다.

　한 인간이 임신과 출산이라는 행위를 결정할 때 미치는 요인은 아주 복잡합니다. 과거에는 기근, 질병, 전쟁과 같은 자연적·사회적 요인들이 큰 영향을 미쳤으나, 산업화 이후 20세기에 들어서는 좀 더 미시적이고 개인적인 요인들에 의해 임신과 출산이 결정되고 있습니다. 이런 현실에서 '민족 소멸', '인구 절벽' 등 애국심에 기대어 출산을 장려하려 하거나, 출산 장려금 같은 금전적 혜택을 주면 부부들이 아이를 더 낳을 것이라 가정한 후 만든 정책들은, 당연한 결과지만 큰 효과가 발휘되기 어려울 것입니다.

　고령화 현상에 있어서도 우리가 경계해야 할 태도가 있습니다. 그것은 세대 간 갈등을 부추겨 특정 세대에 대한 적개심을 키우고, 편을 가르려는 듯한 주장들입니다. "국민연금 강화방안은 세금폭탄, 세대 간 도적질", "연금개혁안 세대 갈등?…60대 vs 20~50대 찬반 갈려" 등의 언론 보도는 마치 고령화는 전체 국민들에게 큰 악영향을 미치며, 문제를 해결하기 위해서는 어떤 세대의 희생이 필수적인 것처럼 보이기도 합니다. 이런 주장은 고령화 현상을 이해하는 데 큰 도움이 되지 않습니다.

인구 감소로 문제가 발생할 가장 큰 부분은 '경제' 분야입니다. **저출산·고령화로 한창 일할 나이의 청장년층 인구가 감소한다는 건 곧, '노동자'이자 '소비자'의 '수'가 줄어든다는 것이며, 이로 인해 가장 큰 피해를 보는 것은 기업의 이익과 국가의 경제 성장입니다.** (국가의 경제가 성장한다고 국민 모두의 경제 상황이 좋아지는 건 아닙니다.) 하지만 상식적으로 보이는 이런 논리도 입증하기는 어렵다고 합니다. 그런데 최근 연구에 의하면 과거에 당연시했던 '인구감소=국내총생산(GDP) 하락' 논리가 맞지 않다는 결과가 나오고 있습니다. 일본의 거시경제학자인 요시카와 히로시 교수는 "경제 성장을 결정짓는 것은 인구 규모가 아니다."라고 주장합니다. 히로시 교수는 『인구가 줄어들면 경제가 망할까』라는 책에서 지난 150년간 일본의 인구추이와 실질 GDP 통계를 제시하며, 경제 성장과 인구는 거의 관계가 없을 정도라고 주장했습니다.

그렇다고 해서 인구 감소가 사회에 영향을 미치지 않는 건 아닙니다. 생산성이 향상되고 기계화가 확대된다고 해도, 미래 사회에서의 노동력 부족 문제는 피할 수 없을 것입니다. 그래서 일각에서 제시하는 대안이 이민자 유입의 확대입니다. 일자리를 찾아 유입되는 외국인들의 경우 대부분 청장년층에 해당하기 때문에 우리 사회의 부족한 노동력뿐만 아니라 고령화 속도를 늦춰 급격한 인구구조 변화의 충격 또한 완화시킬 수 있는 일석이조의 효과가 있습니다. 실제로 이민자를 많이 받아들였던 오스트레일리아, 캐나다, 미국, 독일 등의 나라들은 그렇지 않은 일본에 비해 고령화가 완만하게 진행됐습니다. 예를 들어, 독일의 경우 1990년 노년층 인구 비율이 약 15%로 일본의 8%보다 두 배 가까이 높았습니다. 그러나 2015년 노년층 인구 비율은 독일이 약 21%, 일본이 약 24%로 오히려 일본이 독일을 앞질렀습니다. 과거 독일의 노년층 인구 비율이 일본의 두 배였으니 그 변화가 아주 큰 것으로 볼 수 있습니다. 그런데 이렇게 변한 이유는 간단합니다. 같은 기간 독일로 젊은 이민자들이 대거 유입되었기 때문입니다.(2015년 독일의 전체 인구에서 이주민이 차지하는 비중은 약 15% 정도입니다.) 하지만 한국과 일본 같은 동아시아 국가들은 이주민에게 폐쇄적인 편입니다.(최근 일본은 이민자에 대한 입국 제한을 대폭 완화시키는 정책들을 실시하고 있습니다.) 이는 2018년 예멘에서 제주도로 입국한 이주자들에 대한 거부 반응과 폭력적인 대응으로 일관한 일부 주류 언론과 국민들의 반응을 보면 알 수 있습니다.

인구 절벽, 민족 소멸과 같은 미래의 공포를 내세워 출산을 강요하는 정책은 바람직하지 않습니다. 우리는 이와 같은 '국가주의'와 '인구지상주의'에서 벗어나야 합니다. 앞으로 다가올 '저인구', '저성장' 시대에 적응하기 위해서는 과거의 양적 성장 위주의 경제 정책과 국토 불균형 발전을 가져오는 수도권 위주의 지역 정책에서 벗어나, 미래의 변화된 사회에 적합한 복지 정책과 분배 정책이 실시되어야 합니다. 또한 우리나라로 들어오는 이민자들에 대해 관대한 자세를 가지며, 세계 시민적 관점에서 그들과 공존하며, 이민자들이 우리 사회를 발전시킬 수 있는 독립된 개인으로 성장할 수 있도록 응원하는 올바른 자세를 가졌으면 합니다.

주석

제1장 주

1 심세광, '여기가 로두스다, 여기서 뛰어라', 서강대학교 대학원 신문, 2012, 118호

2 심세광, '여기가 로두스다, 여기서 뛰어라', 서강대학교 대학원 신문, 2012, 118호

3 미셸 푸코, 오르트망 옮김, 「안전, 영토, 인구」, 난장, 2011, p.106

4 제라르 프랑수아 뒤몽, '인구통계, 말하는 것 말하지 않는 것', 〈르몽드 디플로마티크〉, 2011, 33호

5 김정년, 생태학자 폴 에얼릭의 인구 폭발론, 한국기업윤리경영연구원, 2015

6 박배균, 한국학 연구에서 사회-공간론적 관점의 필요성에 대한 소고, 대한지리학회지, 47(1), 2012

7 이우평, 「Basic 고교생을 위한 지리 용어사전」, 신원문화사, 2002

8 제임스 루벤스타인, 정수열 외 옮김, 「현대인문지리학」, 시그마프레스, 2012, p.74

9 제임스 루벤스타인, 정수열 외 옮김, 「현대인문지리학」, 시그마프레스, 2012, p.74

10 한국보건사회연구원, 〈인구정책 30년〉, 1991, p.75

11 황정미, '저출산과 한국 모성의 젠더정치', 한국여성학, 21(3), 2005, p.111

12 미셸 푸코, 이규현 옮김, 「성의 역사 1」, 나남, 2009, p.155-157

13 김미란, '모옌의 소설 〈개구리(蛙)〉의 언어, 그리고 '한 자녀 정책'', 중국현대문학, 75, 2015, p.261

14 CIA World Factbook, China, Updated March 15, 2013

15 U.S. Congressional-Executive Commission on China, Annual Report 2008

16 Wei Xing Zhu, Li Lu, Therese Hesketh, 'China's Excess Males, Sex Selective Abortion, and One Child Policy: Analysis of Data from 2005 National Intercensus Survey', BMJ, 2009, 338 (7700), p.920-923

17 신연수, "중국의 2자녀' 날갯짓', 동아일보, 2015.10.31

18 탁선미, '독일근대문학에 나타난 영아살해 판타지', 독일어문학, 40, 2008, p.134

19 탁선미, '독일근대문학에 나타난 영아살해 판타지', 독일어문학, 40, 2008, p.136-137

20 오유석, '저출산과 개인화', 동향과 전망, 94호, 2015, p.45-46

21 오유석, '저출산과 개인화', 동향과 전망, 94호, 2015, p.47

22 주택건설촉진법이 1970~1990년대 주택 공급 물량을 늘리는 데 크게 기여했던 건 사실이다. '주촉법'이 생긴 뒤부터 2000년 말까지 약 27년 동안 공급한 주택 규모는 전국적으로 무려 1,015만 가구에 달한다. 주촉법이 생기기 전인 1951~1972년까지 21년 동안 불과 172만 가구의 주택이 공급된

것과 비교하면 이 법이 주택 공급에 미친 영향을 알 수 있다. 그러나 전국적인 주택보급율이 100%에 육박하는 시대 상황에서 물량 위주의 공급 정책은 맞지 않는다는 의견이 많았다. 이에 따라 주촉법의 재건축에 관한 규정은 「도시 및 주거환경정비법」에 넘기고, 2003년 주택종합계획 등 당초 갖고 있던 주택건설 관련 조항만을 담아 일반법 형태인 「주택법」으로 변신하게 됐다.

23 이용화 외, '현안과 과제: 주택시장에 대한 대국민 인식 조사', 현대경제연구원, 15-37호, 2015

24 2014년 서울 신혼부부 3가구 중 1가구(37.3%)는 맞벌이 가구로, 맞벌이하는 이유는 주택 관련 자금 마련이 50.0%(주택 비용 마련 33.2%, 주택 대출금 상환 16.8%)에 이르렀으며, 그다음은 생활비 마련 15.0%, 보다 여유로운 삶을 위해 13.7% 순이었다.

25 최근 여러 언론 매체에서 '출산 파업'이라는 용어가 사용되고 있는데, 여기서 '파업'은 다양한 의미로 해석될 수 있다. 첫째로 여성에게 희생과 부담을 강요하는 출산과 모성에 대해 여성이 적극적으로 거부한다는 의미를 포함하고 있으며, 두 번째로는 모성의 가치를 인정하지만, 양육의 책임을 개별 어머니에게 전가하며, 가족에 대한 사회적 지원(복지 시스템)이 부족한 현실에 대해 저항함을 의미한다.

26 김창환, '출산율 저하의 진짜 이유', 주간동아, 1016호, 2015

27 오유석, '저출산과 개인화', 동향과 전망, 94, 2015, p.52-55

28 전중환, '현대 사회의 저출산에 대한 진화적 분석', 한국심리학회지, 18(1), 2012, p.97

29 전중환, '현대 사회의 저출산에 대한 진화적 분석', 한국심리학회지, 18(1), 2012, p.100-102

30 전중환, '현대 사회의 저출산에 대한 진화적 분석', 한국심리학회지, 18(1), 2012, p.102-104

31 Ronald Lee·Andrew Mason, Is low fertility really a problem? Population aging, dependency, and consumption, *science*, 346(6206), 2014, p.229-234

32 차승은, '부모역할의 보상/비용과 둘째 자녀 출산계획', 사회복지정책, 33, p.113

33 양성 평등은 영어의 'gender equality'에 대한 번역 용어이다. 일각에서는 영어 'gender'를 남성과 여성을 의미하는 양(both)과 성(sex)으로 지칭하는 것에 문제를 제기 하는 경우도 있지만, 여기에서는 일반적으로 사용하는 양성 평등이라는 용어를 사용하였다.

34 http://www.queen.co.kr/news/articleView.html?idxno=200042

35 Julian Jackson, 〈France: The Dark Years, 1940-1944.〉 Oxford University Press, 2001

36 신맬서스주의는 맬서스의 인구론에 입각한 것으로, 19세기 말 영국과 19세기 말 프랑스에서 퍼진 이데올로기이다. 한정된 자원에 비추어 인구 억제의 필요성을 주장한다는 점에서 맬서스의 논리를 이어가고 있지만, 맬서스가 반대한 피임법을 정책 수단으로서 적극 받아들이고 있는 점이 가장 큰 차이이다.

37 민유기, '출산 파업과 민족의 자살에 대한 사회적 대응', 서양사론, 89, 2006, p.155

38 민유기, '출산 파업과 민족의 자살에 대한 사회적 대응', 서양사론, 89, 2006, p.159

39 프랑스는 사회복지 혹은 사회적 보호를 상대적으로 굳게 지켜내고 있으며 가장 두드러진 영역은 국민연금, 건강, 그리고 모성과 가족보호이다. 여기서 사회적 보호를 뜻하는 프랑스어 protection

sociale의 개념은 '사회복지'로 번역하는 영어 social welfare와 마찬가지로 공공부조 혹은 공적부조 (public assistance), 사회보험(social insurance) 사회보장(social security) 혹은 사회안전망(social security net) 등 운영 방법과 범위, 자금 조달에서 차이를 보이는 다양한 제도들을 모두 포괄하는 개념이다. 2001년 프랑스 국내총생산의 28.5%가 사회적 보호에 지출되었다. 사회적 보호 지출을 100으로 잡고 지출 분야를 살펴보면 국민연금 44%, 건강 34.8%, 모성과 가족 10.1%, 실업 6%, 주택 3.1% 등으로 지출되고 있다. 프랑스는 자녀의 출산과 양육 가족보호에 대한 사회적 책임을 강조하면서 출산수당, 가족수당, 가족보조금, 육아를 위해 휴직한 부모에게 지급되는 수당, 맞벌이 부부에게 지급되는 탁아시설 이용비, 학용품 준비금, 편부모의 자녀 양육수당, 장애아를 위한 특수교육비, 주택보조금 등 매우 다양한 형태의 가족수당이 있다(민유기, 2006, 재인용)

제2장 주

1 '노인(老人)'의 사전적 의미는 '나이가 들어 늙은 사람'이다. 비슷한 낱말로 '어르신'이라는 말이 있는데, 뜻은 '남의 아버지나 어머니를 높여 이르는 말'이다. 노인이라는 단어의 부정적 뉘앙스를 생각해 본다면 노인보다는 어르신이라는 표현이 더 좋다고 생각된다. 그러나 문장의 맥락상 노인이 어울릴 때는 노인으로 그렇지 않을 때는 어르신으로 사용한다.

2 황진자 · 이조은, '보험상품 신문광고의 문제점 및 개선방안', 한국소비자원, 2012, p.1-55

3 프랑크 쉬르마허, 장혜경 옮김, 「고령사회 2018」, 나무생각, 2005, p.108-109

4 송기민 · 최호영, '고령화시대 노인 연령규범에 대한 현행 법제적 고찰', 법과 정책연구, 10(3), 2010, p.992

5 이금룡, '한국사회의 노년기 연령규범에 관한 연구', 한국노년학, 26(1), 2006, p.150

6 송기민 · 최호영, '고령화시대 노인 연령규범에 대한 현행 법제적 고찰', 법과 정책연구, 10(3), 2010, p.989-990

7 이수림 · 조성호, '나이듦과 지혜', 한국심리학회지: 사회문제, 13(3), 2007, p.67

8 이수림 · 조성호, '나이듦과 지혜', 한국심리학회지: 사회문제, 13(3), 2007, p.69

9 신경 촬영법이라고도 한다. 컴퓨터 단층 촬영(CT)이나 자기 공명 촬영(MRI)과 유사한 것으로 뇌의 구조와 손상 부위를 눈으로 볼 수 있게 만드는 기법을 지칭하는 일반적 용어이다.

10 김은영, '노년기 보상적 두뇌 가소성: 인지 노화의 보상 가설과 재활 방안에 대한 개관 연구, 한국심리학회지: 일반, 33(4), 2014, p.856-859

11 김상범, '노화를 지연시키는 운동의 역할: 뇌신경 가소성을 중심으로', 한국스포츠심리학회지, 27(1), 2016, p.80

12 김은영, '노년기 보상적 두뇌 가소성: 인지 노화의 보상 가설과 재활 방안에 대한 개관 연구', 한국심리학회지: 일반, 33(4), 2014, p.864-868

13 조너선 스위프트, 신현철 옮김, 「걸리버 여행기」, 문학수첩, 2012, p.53

14 조너선 스위프트, 신현철 옮김, 「걸리버 여행기」, 문학수첩, 2012, p.132

15 정인화, '길가메시와 걸리버 여행기를 통해서 본 인간의 삶과 죽음', 인문학연구, 8, 2004, p.281

16 이수림·조성호, '나이듦과 지혜', 한국심리학회지: 사회문제, 13(3), 2007, p.79-80

17 앤디 헌터, 〔인터뷰〕 뇌가소성: 뇌는 훈련하면 변화한다_엘코논 골드버그(Elkhonon Goldberg), 브레인, 43, 2013, p.28

18 게리 크리스토퍼, 오수원 옮김, 「우리는 이렇게 나이 들어간다」, 이룸북, 2015, p.295

19 박지영, '고령화 사회의 노인자살', 복지동향, 188, 2014, p.27

20 중앙일보, '노인 빈곤과 자살을 방치하는 한국사회', 서상목, 2015.9.15.

21 여창환·서윤희, '공간자기상관을 활용한 농촌 지역 인구 고령화의 공간적 확산 분석', 한국지리정보학회, 17(3), 2014, p.41-42

22 최재헌, 윤현위, '수도권 고령인구의 공간 분포와 주거 특성', 대한지리학회지, 48(3), 2013, p.404-405

23 산복(山腹)도로는 산허리를 따라서 구불구불 이어진 좁은 도로로, 6.25 전쟁 당시 피란민들이 피를 흘리며 손수 닦은 길이다. 피란 당시 임시수도 부산을 상징하는 도로이다.

24 여창환·서윤희, '공간자기상관을 활용한 농촌 지역 인구 고령화의 공간적 확산 분석', 한국지리정보학회, 17(3), 2014, p.51

25 여창환·서윤희, '공간자기상관을 활용한 농촌 지역 인구 고령화의 공간적 확산 분석', 한국지리정보학회, 17(3), 2014, p.49-50

26 김우영, '인적자본의 지역간 불평등: 고령화의 영향', 대한지리학회지, 49(5), 2014, p.747-760

27 김우영, '인적자본의 지역간 불평등: 고령화의 영향', 대한지리학회지, 49(5), 2014, p.752-753

28 조엘 코엔과 에단 코엔 형제의 영화 〈노인을 위한 나라는 없다(No Country for Old Men)〉의 제목을 비유적으로 사용하였다. 영화는 코맥 매카시의 동명의 소설을 원작으로 하고 있다.

29 박태진, '고령화시대의 도시의 구조 변화', 일본근대학연구, 43, 2014, p.507

30 박태진, '고령화시대의 도시의 구조 변화', 일본근대학연구, 43, 2014, p.512

31 이동우, 고령화·저성장시대의 지속적 국가발전을 위한 국토정책과제, 2015년 국토연구원 정책세미나 자료집, p.66

32 이재훈·이우정, '노인의 자살률 감축을 위한 임대아파트의 코하우징 리모델링 제안', 건축, 59(2), 2015, p.39

제3장 주

1 중상주의(重商主義)는 국가의 부를 증대시키기 위해 정부가 보호 무역주의의 입장에 서서 수출 산업을 육성해야 한다는 경제 이론과 정책으로, 세계 경제와 무역의 총량이 불변이라는 가정 아래 자본의 공급에 의해 국가가 번영을 일으킬 수 있다고 주장한다. 역사적으로는 15세기에서 18세기까지 유럽의 국가들에서 채택되었던 국내 산업의 보호와 해외 식민지 건설 등이 중상주의의 핵심 내용이다. 중상주의의 등장 배경에는 유럽의 봉건 제도가 무너지는 사회 변화가 있다. 재화와 권력은 봉건 영주에서 벗어나 국민국가로 집중되고 있었다. 당시 지리 정보의 확대와 해운 교통의 발전 그리고 도시의 성장에 의해 국제 무역이 급증하였다. 중상주의는 이러한 무역에서 국가의 이득을 최대화하기 위한 것이었다.

2 한주성, 『인구지리학』, 한울아카데미, 2015, p.45.

3 이와 관련하여 재미있는 에피소드가 하나 있다. 2015년 9월 교육과정 공청회에서 있었던 일이다. 당시 고등학교 1학년 학생들이 배우는 통합사회와 관련된 논의가 진행되고 있었다. 통합사회 과목은 지리, 일반사회, 윤리, 역사 네 분과 학문이 통합되어 있는 구조였다. 이 중에서 인구 단원을 지리과에서 담당하고 있는 상황에 한 일반사회 전공으로 예상되는 교사가 이의를 제기하며 '맬서스'는 경제학자인데 왜 지리과에서 다루는 것인지를 지적했다. 이는 통합사회라는 과목의 정체성을 무시하는 말이며, '인구'라는 통합적 주제와 여러 학문과 주제를 아우르는 지리학에 대한 무지에서 비롯된 것이다.

4 1789년 프랑스인권선언은 "자연생명이 국민국가의 법적 정치적 질서 속에 기입되는 원초적인 형태를 대표한다"고 보며, "모든 인간은 불가침의 파기할 수 없는 권리를 갖고 태어난다"고 선언한다. 그러나 이와 같은 근대적 인권선언의 '보편주의'는 차별과 배제를 하나의 '예외' 상태로서 인정하게 된다. 또한 여기서의 인권은 시민권을 가진 인간을 의미하며, 뒤에서 다루게 될 찰스 디킨스의 『올리버 트위스트』에 등장하는 사생아, 미혼모, 소매치기 등은 '예외'로 이들은 인간으로서의 권리를 가지지 못한다. 이 점은 당시 빈곤과 인권을 바라보는 시대적 특수성과 문제점을 이해하는 데 도움을 준다.

5 공유지를 현대적 의미에 맞게 재해석하면, 상하수도, 가스, 철도, 통신, 의료, 교육 등의 분야가 해당될 것이다. 이런 분야는 사익의 확보 수단이 아닌 공유재·공동자산이라고 할 수 있다. 과거 영국 사회에서 인클로저에 따른 공유지의 사유화에 따른 비극이 발생한 것처럼, 신자유주의 시대 공공재의 사유화는 부의 불균등 분배 문제를 발생시키고 있다. 따라서 상하수도, 가스, 철도와 같은 공유재 운용에 의한 이윤을 최근 논의되고 있는 '기본소득'의 재원으로 사용한다면, 과거 우리 사회에 존재했던 상호부조에 의한 도덕경제를 복원하는 방법이 될 수 있을 것이다.

6 김용창, '위기의 도시, 희망의 도시 심포지움 자료집', 한국공간환경학회·서울연구원, 2016, p.113-115

7 장성현, '존 클레어의 '푸른 언어'와 그 한계-클레어의 인클로저 저항시 읽기', 문학과환경, 12(2), 2013, p.200-201

8   장성현, '존 클레어의 '푸른 언어'와 그 한계-클레어의 인클로저 저항시 읽기', 문학과환경, 12(2), 2013, p.200-201

9   장성현, '존 클레어의 '푸른 언어'와 그 한계-클레어의 인클로저 저항시 읽기', 문학과환경, 12(2), 2013, p.196

10 이 법의 정식 명칭은 '1601년 빈민구호법'이라고 한다. 흔히 엘리자베스 빈민법이라고도 부른다. 이 법률은 그전에 존재하던 많은 법률을 통합하여 본격적인 공공 구호를 실시하기 위한 법으로, 1834년 개정된 신 빈민법으로 300년 이상 지속될 구빈제도의 시작이다.

11 박혜영, '인구 위기인가, 인간의 위기인가: 인구를 바라보는 두 가지 시선', 황해문화, 87, 2015, p.368

12 정수열, '국내 저출산의 원인에 대한 논의와 쟁점: 지리학적 접근을 위한 소고', 국토지리학회지, 47(2), 2013, p.131

13 박흥식, 「흑사병은 도시 피렌체를 어떻게 바꾸었는가?」, 서양사론, 2016, p.97

14 김현일, '신맬서스주의자가 본 근대 농촌세계-에마뉘엘 르 르와 라뒤리의 「랑그독 농민」', 서양사연구, 19, 1996, p.167-168

15 송병건, '영국의 인구통제체제와 산업혁명', 영국 연구, 18, 2007, p.172-176

16 김현일, '신맬서스주의자가 본 근대 농촌세계-에마뉘엘 르루아 라뒤리의 「랑그독 농민」', 서양사연구, 19, 1996, p.180-181

17 한주성, 「인구지리학」, 한울아카데미, 2015, p.55-57

18 민중의 소리, 2015.12.31., http://www.vop.co.kr/A00000976928.html

19 이선주, '「올리버 트위스트」-'잉여인구'에 대한 근대국가의 우려', 현대영미어문학, 27(4), 2009, p.44

20 「성경」 마태복음 26장 11절

21 김종일, 「빈민법의 겉과 속」, 울력, 2016, p.15

22 김종일, 「빈민법의 겉과 속」, 울력, 2016, p.19-20

23 헨리 8세와 앤과의 사랑, 배신, 죽음, 음모 등을 담은 영화로 〈천일의 앤(1969)〉, 〈천일의 스캔들(2008)〉이 있다.

24 김종일, 「빈민법의 겉과 속」, 울력, 2016, p.24-25

25 김종일, 「빈민법의 겉과 속」, 울력, 2016, p.37

26 이소영, ""건전사회" 그 적들: 1960-80년대 부랑인단속의 생명정치', 법과사회, 51, 2016, p.28-30

27 이소영, ""건전사회" 그 적들: 1960-80년대 부랑인단속의 생명정치', 법과사회, 51, 2016, p.34

28 이소영, ""건전사회" 그 적들: 1960-80년대 부랑인단속의 생명정치', 법과사회, 51, 2016, p.35-36

29 한겨레신문, 2016.9.21., http://www.hani.co.kr/arti/society/society_general/762110.html

30 김종일, 「빈민법의 겉과 속」, 울력, 2016, p.33-35

31 김종일, 「빈민법의 겉과 속」, 울력, 2016, p.38-47

32 김종일, 「빈민법의 겉과 속」, 울력, 2016, p.57

33 김종일, 「빈민법의 겉과 속」, 울력, 2016, p.221-222

34 정수남, '잉여인간, 사회적 삶의 후기자본주의적 논리-노숙인·부랑인을 중심으로', 한국사회학, 48(5), 2014, p.299

35 2010년 시새N북에서 출간한 로익 바캉(Loic Wacquant)의 「가난을 엄벌하다」의 제목에서 차용했다.

36 이선주, 「「올리버 트위스트」-'잉여인구'에 대한 근대국가의 우려', 현대영미어문학, 27(4), 2009, p.50

37 이선주, 「「올리버 트위스트」-'잉여인구'에 대한 근대국가의 우려', 현대영미어문학, 27(4), 2009, p.49-50

38 김종일, 「빈민법의 겉과 속」, 울력, 2016, p.236-238

39 박현정, '영화 〈설국열차〉와 생태적 상상력-미래에 관한 마르크스적 보고서', 문학과환경, 14(1), 2015, p.72

40 조르조 아감벤, 박진우 옮김, 「호모 사케르」, 새물결, 2008, p.42

41 강성률, '〈설국열차〉가 재현한 계급투쟁이 그렇게 거북한가?-영화 〈설국열차〉', 플랫폼, 2013. 8., p.59-60

참고 문헌

서적

강윤재·손향구, 2008, 『과학 시간에 사회 공부하기』, 웅진주니어.

게리 크리스토퍼, 오수원 옮김, 2015, 『우리는 이렇게 나이 들어간다』, 이룸북.

고등학교 『지리 I』, 교학사, 1984년(제4차 교육과정: 1981.12~1987.6)

고등학교 『한국지리』, 지학사, 1990년(제5차 교육과정: 1987.7~1992.9)

김종일, 2016, 『빈민법의 겉과 속』, 울력.

로익 바캉, 류재화 옮김, 2010, 『가난을 엄벌하다』, 참언론시사인북.

마사 누스바움, 한상연 옮김, 2015, 『역량의 창조』, 돌베개.

모옌, 유서영·심규호 옮김, 2012, 『개구리』, 민음사.

미셸 푸코, 오르트망 옮김, 2011, 『안전, 영토, 인구』, 난장.

미셸 푸코, 이규현 옮김, 2009, 『성의 역사 1』, 나남출판.

블라디미르 마야콥스키·베르톨트 브레히트·하인리히 하이네·루이 아라공, 김남주 옮김, 1995, 『아
　　　침저녁으로 읽기 위하여』, 푸른숲.

스테판 G. 메스트로비치, 박형신 옮김, 2014, 『탈감정사회』, 한울아카데미.

셰르스틴 린달·한스 란드베리, 박영한 옮김, 2000, 『인구, 경제발전, 환경』, 한울.

윌리엄 버틀러 예이츠, 허현숙 옮김, 2011, 『예이츠 시선』, 지만지.

이우평, 2002, 『Basic 고교생을 위한 지리 용어사전』, 신원문화사.

에마뉘엘 르 누아 라뒤, 변광배 옮김, 2009, 『랑그도크의 농민들 1』, 한길사.

엘리자베스 벡 게른스하임, 이재원 옮김, 2014, 『모성애의 발명』, 알마.

임동근, 2015, 『메트로폴리스 서울의 탄생』, 반비.

전봉희·권용찬, 2012, 『한옥과 한국 주택의 역사』, 동녘.

존 앤더슨, 이영민·이종희 옮김, 2013, 『문화, 장소, 흔적』, 한울아카데미.

조너선 스위프트, 신현철 옮김, 2012, 『걸리버 여행기』, 문학수첩.

조르조 아감벤, 박진우 옮김, 2008, 『호모 사케르』, 새물결.

프랑크 쉬르마허, 장혜경 옮김, 2005, 『고령 사회 2015』, 나무생각.

필립 아리에스·조르주 뒤비 편, 전수연 옮김, 2002, 『사생활의 역사 4』, 새물결.

한주성, 2015, 『인구지리학』, 한울아카데미.

홍명신, 2013, 『노인과 미디어』, 커뮤니케이션북스.

James M. Rubenstein, 정수열·이욱·백선혜·김현·이정섭·최경은·조아라 옮김, 2012, 『현대인문지리학』, 시그마프레스.

James M. Rubenstein·William H. Renwick·Carl T. Dahlman, 안재섭·김희순·이광률 옮김, 2013, 『현대지리학』, 시그마프레스.

국내 논문 및 보고서

강내희, 2008, 「의림과 시적 정의, 또는 사회미학과 코뮌주의」, 『문화 과학』, pp.23-50.

강내희, 2011, 「공간의 시적 정의와 건축의 외부」, 『문화과학』, 66, pp.199-223.

강성률, 2013, 「〈설국열차〉가 재현한 계급투쟁이 그렇게 거북한가?」, 『플랫폼』, pp.58-61.

강태호, 2009, 「『헨젤과 그레텔』 다시 읽기」, 『독어교육』, 45, pp.329-351.

강학순, 2007, 「공간의 본질에 대한 하이데거의 존재사건학적 해석의 의미」, 『존재론 연구』, 15, pp.381-410.

강학순, 2012, 「네트워크 공간의 '존재론' 탐구」, 『존재론 연구』, 29, pp.155-184.

경제기획원 조사통계국, 1980년 인구 및 주택 센서스 조사표, 통계청.

경제기획원 조사통계국, 1985년 인구 및 주택 센서스 조사표, 통계청.

고문현, 2012, 「주민등록제도의 문제점과 개선방안」, 『공법학연구』, 13(4), pp.269-293.

고승연, 2014, 저출산의 해법, 유럽에서 배운다: 저출산 개선을 위한 5가지 해법, 현대경제연구원 VIP 리포트, 564호.

곽채기, 2016, 「저출산·고령화에 따른 국가 역할 구조와 재정운영 시스템의 변화 방향」, 서울행정학회 학술대회 발표논문집, pp.3-34.

구은숙, 2013, 「모더니티, 자본주의 여성주체: 이디스 워튼의 『기쁨의 집』」, 『미국소설』, 20(1), pp.5-26.

국토연구원, 2015, 국토의 미래와 도시의 경쟁력, 2015년 국토연구원 정책세미나.

권금상, 2013, 「대중매체가 생산하는 '이주여성' 재현의 사회적 의미」, 『다문화사회연구』, 6(2), pp.39-81.

권미형·권영은, 2012, 「독거노인돌보미의 고독사 인식에 관한 주관성 연구」, 『성인간호학회지』, 24(6), pp.647-658.

권정혁·채희진, 2015, 지역별 특성과 강력범죄발생률의 연관성, 대한지리학회 학술대회논문집,

p.339.

김경숙·사영재, 2010, 「고령자 커뮤니티 환경의 지역적 특성에 관한 고찰」, 『한국디자인문화학회지』, 16(4), pp.44-51.

김남수, 2008, 「미국의 서브프라임 모기지 사태와 그 시사점」, 『소비자정책동향』, 1, pp.1-19.

김동석·김근주, 2014, 「출산휴가에 관한 국제기준의 의의」, 『법학논총』, 31(2), pp.153-171.

김동주·정일호·서연미·주미진·이승욱·강민규, 2011, 글로벌 도시권 육성 방안 연구(Ⅱ), 국토연구원.

김두섭, 2003, 「연변 조선족사회의 최근 변화: 사회인구학적 접근」, 『한국인구학』, 26(2), pp.111-145.

김두섭, 2007, 「IMF 외환위기와 사회경제적 차별출산력의 변화」, 『한국인구학』, 30(1), pp.67-95.

김두섭·유정균, 2013, 「연변 조선족인구의 최근 변화: 1990년, 2000년 및 2010년 중국 인구센서스 자료의 분석」, 『중소연구』, 36(4), pp.121-149.

김명진·김감영, 2013, 「공간 최적화 기법을 이용한 국회의원 선거구 획정」, 『대한지리학회지』, 48(3), pp.387-401.

김미란, 2015, 「모옌의 소설 『개구리(蛙)』의 언어, 그리고 '한 자녀정책'」, 『중국현대문학』, 75, pp.253-265.

김미래·김신원, 2013, 「고령자 특성을 반영한 주거단지 외부공간 재 조성계획 연구」, 『디자인지식저널』, 27, pp.165-176.

김민희, 2012, 「노인접촉, 노인에 대한 태도 및 죽음불안이 대학생의 노화불안에 미치는 영향」, 『한국심리학회지: 문화 및 사회문제』, 19(3), pp.435-456.

김복순, 2015, 「노인(65세 이상 인구)의 빈곤과 연금의 소득대체율 국제비교」, 『노동리뷰』, pp.100-102.

김봉연, 2015, 「국가 기획의 가족 만들기 – 모옌 『개구리』에 나타난 가족정치의 한계와 모순」, 『중국학보』, 64, pp.247-266.

김상범, 2016, 「노화를 지연시키는 운동의 역할: 뇌신경 가소성을 중심으로」, 『한국스포츠심리학회지』, 27(1), pp.79-97.

김선영, 2009, 「한국 가족의 현실: 생애주기에 따른 가족 이슈」, 『사회과학연구』, 35(2), pp.161-192.

김선자, 2010, 「서울의 고령친화도시 추진 전략」, 『정책리포트』, 64, pp.1-20.

김성윤, 2010, 「사회발전과 인구변동에 관한 연구」, 『정책과학연구』, 19(2), pp.5-21.

김소연, 2012, 「영화〈가족의 탄생〉을 통해 나타난 가족의 다양한 형태 고찰」, 『영화와 문학치료』, 7, pp.9-30.

김숙재, 2006, 「『순수의 시대』에 나타난 순수 이데올로기의 메커니즘」, 『현대영미소설』, 13(3), pp.7-31.

김순은, 2016, 「지역별 고령화의 특색과 시사점」, 『지방행정』, pp.20-23.

김승권·정경희·김유경·신윤정·김연우·류만희·신종각·이극열, 2012, 가족변화 관련 복지정책의 진단과 정책과제, 경제·인문사회연구회 기획 협동연구총서 12-03-08(13), 경제·인문사회 연구회.

김승권·박종서·김유경·김연우·최영준·손창균·윤아름, 2012, 2012년 전국 결혼 및 출산동향 조사, 한국보건사회연구원.

김승민, 2009, 「영화 《증오》와 프랑스 사회의 이민자 문제」, 『한국 프랑스학논집』, 66, pp.305-320.

김양분·양수경·박성호, 2012, 「사교육비 추이 및 추세 분석: 통계청 가계동향조사를 중심으로」, 『한국교육』, 39(1), pp.261-284.

김연명, 2015, 「국민연금 명목소득대체율 50% 쟁점에 대한 비판적 고찰」, 『비판사회정책』, 49, pp.73-112.

김영란, 2012, 「독일과 한국의 다문화가족 정책에 대한 고찰」, 『다문화콘텐츠연구』, 13, pp.31-67.

김용락, 1993, 「나이를 먹는 슬픔 외」, 『창작과 비평』, 21(3), pp.267-269.

김용창, 2016, 도시 인클로저와 거주 위기, 거주자원의 공유화, 한국공간환경학회·서울연구원, 위기의 도시, 희망의 도시 심포지엄 자료집, pp.113-132.

김우영, 2014, 「인적자본의 지역간 불평등: 고령화의 영향」, 『대한지리학회지』, 49(5), pp.747-760.

김우창, 2015, 「국민연금 기금고갈을 막기 위한 새로운 생각」, 『월간 복지동향』, 202, pp.32-36.

김유경, 2015, 가족변화에 따른 가족갈등양상과 정책과제, 보건복지포럼, pp.49-65.

김은설·이정림·최윤경·도남희·문성혁·이동하, 2014, 한국아동패널 자료를 활용한 출산 결정요인 분석, 육아정책연구소 연구보고서, 34호.

김은영, 2014, 「노년기 보상적 두뇌 가소성」, 『한국심리학회지: 일반』, 33(4), pp.853-876.

김정규, 2015, 「외국인 이주자와 범죄」, 『형사정책연구』, 26(2), pp.305-333.

김정석·김송은, 2012, 「남녀노인의 노년시작인식연령과 노인인지」, 『한국노년학』, 32(1), pp.103-114.

김정현, 2015, 「외국인이라는 문제, 그리고 환대: 폴 리쾨르의 견해를 중심으로」, 『코기토』, 78, pp.316-348.

김주미·한혜경, 2013, 「TV 건강프로그램의 '노화의 의료화' 의미화 방식」, 『한국언론정보학보』, pp.159-179.

김주현, 2009, 「연령주의(Ageism) 관점을 통한 노년의 이해」, 『사회와 역사』, 82, pp.361-391.

김진숙, 2015, 「문학적 공간과 세대담론」, 『헤세연구』, 33, pp.111-130.

김태헌, 2000, 「〈서평〉 인구센서스의 기원부터 시행, 결과의 이용까지」, 『한국 인구학』, pp.209-215.

김현일, 1996, 「신맬서스주의자가 본 근대 농촌세계: 에마뉘엘 르 르와 라뒤리의 『랑그독 농민』」, 『서양사연구』, 19, pp.163-183.

김혜인, 2010, 국내 주택가격 적정성 분석, 산은경제연구소.

김환희·이소윤·김훈순, 2015, 「TV드라마와 젠더담론의 균열과 포섭: 이혼녀와 미혼모의 재현」, 『미디어, 젠더&문화』, 30(3), pp.5-40.

남광우·권일화, 2013, 「센서스 데이터를 활용한 고령인구 분포 특징」, 『한국산학기술학회논문지』, 14(1), pp.464-469.

남상호, 2010, 저출산의 거시경제적 효과 분석, 한국보건사회연구원.

남윤인순, 2012, 피임약 선택과 분류, 여성이 결정 주체여야, 남윤인순 국회의원 보도자료.

대한민국정부, 2015, 제3차 저출산·고령화사회 기본계획(2016~2020).

도승연, 2009, 「여성이 행복한 도시가 가지는 반여성적 장치와 효과들」, 『사회와 철학』, 18, pp.251-290.

마상열, 2007, 「일본의 인구 감소시대에 대응한 도시정책 변화 고찰」, 『경남발전연구원 논문집』, pp.51-59.

문상화, 2001, 「진화론: 19세기 영국의 지배담론의 한 양상」, 『영국 연구』, 5, pp.25-41.

민유기, 2006, 「'출산 파업'과 '민족의 자살'에 대한 사회적 대응: 프랑스 가족보호정책의 기원(1874-1914)」, 『서양사론』, 89, pp.143-176.

박광준·오영란, 2011, 「중국계획출산정책의 형성과정」, 『한국사회정책』, 18(4), pp.203-235.

박배균, 2006, "네트워크적 영역성(Networked Territoriality)"의 관점에서 바라본 스케일의 정치, 대한지리학회 학술대회논문집, pp.45-46.

박배균, 2009, 「초국가적 이주와 정착을 바라보는 공간적 관점에 대한 연구」, 『한국지역지리학회』, 15(5), pp.616-634.

박배균, 2012, 「한국학 연구에서 사회-공간론적 관점의 필요성에 대한 소고」, 『대한지리학회지』, 47(1), pp.37-59.

박상조·박승관, 2016, 「외국인 범죄에 대한 언론 보도가 외국인 우범자 인식의 형성에 미치는 영향」, 『한국언론학보』, 60(3), pp.145-177.

박상태, 1999, 「인구쟁점에 대한 가치관의 변화」, 『한국인구학』, 22(2), pp.5-45.

박상태, 2014, 「동아시아의 인구사상: 홍량길과 맬서스의 비교」, 『한국인구학』, 27(1), pp.171-201.

박성애·황해영·홍정훈, 2014, 「중한 인구 및 인구정책 변화의 비교연구」, 『문화교류연구』, 3(3), pp.77-98.

박세훈, 2013, 「인구 감소시대의 도시 정책: 도시인구 감소 실태와 대응과제」, 『국토 연구』, 378, pp.25-33.

박세훈·정윤희·박근현, 2013, 도시인구 감소 실태와 도시계획 대응방안, 국토정책 Brief, 422, 국토연구원.

박순진, 2010, 「도시의 범죄예방: 도시의 범죄발생 실태」, 『도시문제』, 45(503), pp.12-16.

박종순·조득환, 2011, 「대구·경북 지역의 인구추이 분석 및 정책적 함의」, 『국토지리학회지』, 45(1), pp.1-9.

박지영, 2014, 「고령화 사회의 노인자살」, 『월간 복지동향』, 188, pp.26-30.

박태진, 2014, 「고령화시대의 도시의 구조 변화」, 『일본근대학연구』, pp.507-519.

박현정, 2015, 「영화 『설국열차』와 생태적 상상력」, 『문학과 환경』, 14(1), pp.69-93.

박혜영, 2015, 「인구 위기인가, 인간의 위기인가: 인구를 바라보는 두 가지 시선」, 『황해 문화』, p.363-373.

박흥식, 2016, 「흑사병은 도시 피렌체를 어떻게 바꾸었는가?」, 『서양사론』, 130, pp.96-119.

배은경, 2010, 「현재의 저출산이 여성들 때문일까?」, 『젠더와 문화』, 3(2), pp.37-75.

배인성, 2008, 「고전경제학 읽기와 여성 경제담론 쓰기」, 『역사학 연구』, 34, pp.195-227.

백중열, 2012, 「뇌 가소성과 전뇌미술교육의 교육적 가치」, 『기초조형학연구』, 13(6), pp.227-239.

법무부 출입국·외국인정책본부 이민정보과, 2015 출입국·외국인정책 통계연보, 법무부.

봉인식·김도년, 2003, 「아파트단지 건설을 통해서 본 한국과 프랑스 주택정책 비교 연구」, 『국토계획』, 38(6), pp.35-45.

서종희, 2014, 「익명출산제도에 관한 비교법적 고찰」, 『법학논총』, 27(2), pp.79-128.

석재은, 2015, 「기초연금 도입과 세대 간 이전의 공평성」, 『보건사회연구』, 35(2), pp.64-99.

세키네 히데유키, 2009, 「일본문화의 원류로서의 남방계 문화연구」, 『일본문화 연구』, 30, pp.403-429.

손경환·이수욱·박천규, 2007, 「미국 서브프라임 모기지 위기의 실체와 시사점」, 국토정책 Brief, 15, 국토연구원.

송기민·최호영, 2010, 「고령화시대 노인 연령규범에 대한 현행 법제적 고찰」, 『법과 정책연구』, 10(3), pp.989-1008.

송병건, 2007, 「영국의 인구통제체제와 산업혁명」, 『영국 연구』, 18, pp.157-190.

심우장, 2007, 「효행설화와 희생제의의 전통」, 『실천민속학연구』, 10, pp.175-203.

앤디 헌터, 2013, [인터뷰] 뇌가소성: 뇌는 훈련하면 변화한다_엘코논 골드버그 Elkhonon Goldberg. 『브레인』, 43, pp.26-28.

양병일, 2016, 「한국과 일본의 사회과 교과서에 나타난 저출산·고령화 교육」, 『사회과교육』, 55(3),

pp.59-74.

여창환·서윤희, 2014, 「공간자기상관을 활용한 농촌지역 인구 고령화의 공간적 확산 분석」, 『한국지리정보학회지』, 17(3), pp.39-53.

여필순, 2013, 「중국 연변 농촌지역의 조선족인구 감소와 지역성 변화」, 『한국지역지리학회지』, 19(4), pp.668-682.

오경환, 2010, 「저출산의 정치경제학: 프랑스 제3공화국 전반기의 인구위기와 〈프랑스 인구증가를 위한 국민연합〉」, 『서양사연구』, 43, pp.5-31.

오유석, 2015, 「저출산과 개인화: '출산파업론' vs '출산선택론'」, 『동향과 전망』, pp.45-92.

오유진·박성준, 2008, 「저출산의 경제학적 분석」, 『한국경제학보』, 15(1), pp.91-112.

오창섭·최성혁, 2012, 「저출산 원인의 실증분석」, 『복지행정논총』, 22(1), pp.91-125.

오혜인·주경희·김세원, 2015, 「연령주의에 관한 생태체계적 영향요인에 관한 실증연구: 베이비부머와 노인세대의 차이 비교를 중심으로」, 『노인복지연구』, 68, pp.303-330.

우해봉, 2015, 「국민연금의 노후소득보장 효과 전망과 정책과제」, 『보건복지포럼』, pp.26-36.

유영희, 2014, 「18세기 독일문학에 나타난 범죄-쉴러의 『잃어버린 명예 때문에 범행한 자』와 바그너의 『영아살해 모』를 중심으로」, 『헤세연구』, 32, pp.95-124.

육상효, 2010, 「한국 영화와 TV드라마에 나타난 베트남 여성상 고찰」, 『동남아시아연구』, 20(2), pp.73-99.

윤갑정·정계숙, 2007, 「중국 연변 조선족 별거가족과 동거가족 유아의 가족생활 경험」, 『아동학회지』, 28(4), pp.169-185.

윤석명, 2012, 「OECD의 한국에 대한 연금개혁 권고안의 어제와 오늘」, 『보건복지포럼』, p.78-86.

윤석진, 2013, 「2000년대 미니시리즈 드라마에 나타난 도시 이미지 고찰」, 『인문학연구』, 91(2), pp.203-232.

윤은영, 2013, 「국내 입양제도의 실태 및 개선 방안」, 『사회과학연구』, 30(2), pp.191-222.

윤희철·정봉현, 2014, 「인구 감소시대의 특징을 반영한 도시의 삶의 질 지표 연구: 광주광역시의 사례를 중심으로」, 『한국지역개발학회지』, 26(4), pp.35-58.

이금룡, 2005, 「한국사회의 노년기 연령규범에 관한 연구」, 『한국노년학』, 26(1), pp.143-159

이동민, 2014, 다중스케일 관점의 지리교육적 의미, 대한지리학회 학술대회논문집, pp.249-250.

이동우, 2015, 고령화·저성장시대의 지속적 국가발전을 위한 국토정책과제, 국토연구원 정책세미나 자료집, pp.31-72.

이명현, 2010, 「농촌드라마 〈산너머 남촌에는〉에 재현된 결혼이주여성」, 『다문화콘텐츠연구』, p.153-177.

이삼식·최효진, 2012, 「출산율 예측 모형 개발」, 『한국인구학』, 35(1), pp.77-99.

이상호·이상헌, 2011, 「저출산·인구고령화의 원인: 결혼결정의 경제적 요인을 중심으로」, 『경제분석』, 17(3), pp.131-166.

이선주, 2009, 「『올리버 트위스트』: '잉여인구'에 대한 근대국가의 우려」, 『현대영미어문학』, 27(4), pp.41-62.

이성숙, 2002, 「산아제한과 페미니즘: 애니 베상트 사건과 맬서스주의」, 『영국 연구』, 8, pp.33-61.

이성용·이정용, 2011, 「인구변천과 인구고령화: 선진국, 개발도상국 그리고 한국의 비교 연구」, 『국제지역연구』, 15(1), pp.549-570.

이소영, 2014, 「법이 부착한 '부랑인' 기표와 그 효과: 형제복지원 기억의 재현과 과거청산 논의의 예에서」, 『법철학연구』, 17(2), pp.243-274.

이소영, 2016, 「"건전사회"와 그 적들: 1960-80년대 부랑인단속의 생명정치」, 『법과 사회』, 51, pp.23-54.

이수림·조성호, 2007, 「나이 듦과 지혜」, 『한국심리학회지: 문화 및 사회문제』, 13(3), pp.65-87.

이수자, 1987, 「고려장(高麗葬)설화의 형성과 의미」, 『국어국문학』, 98, p.131-162.

이수진, 2008, 「만화 『설국열차』의 영화화에 관한 공간 중심 연구」, 『프랑스문화예술연구』, 25, pp.333-355.

이신숙, 2014, 「노인의 연령정체감이 실존적 정체감과 심리적 안녕감에 미치는 영향」, 『대한가정학회』, 52(2), pp.151-164.

이용화·이준협, 2015, 주택시장에 대한 대국민 인식 조사 현안과 과제, 현대경제연구원, 15-37호.

이은경, 2006, 「TV드라마에 나타난 남녀 등장인물의 성격과 역할」, 『문명연지』, 18, pp.183-214.

이은정, 2014, 「국내 아동입양 현황과 정책과제」, 『경남발전』, 132, p.11-22.

이자벨 아타네, 2011, "부자가 되기도 전에 늙어가는 중국", 『르몽드 디플로마티크』, 6월호, pp.14-15.

이정섭, 2012, 「지역균열정치와 국회의원선거구 획정의 게리멘더링과 투표 등가치성 훼손」, 『대한지리학회지』, 47(5), pp.718-734.

이종권, 2008, 「미국 서브프라임 모기지 부실위기의 원인과 파급경로」, 『동향과 전망』, 73, pp.173-203.

이종임, 2014, 「1970년대 드라마 속 여성의 역할과 젠더 재현 방식에 대한 연구」, 『한국언론학보』, 58(5), pp.180-205.

이준일, 2009, 「대법원의 존엄사 인정(大判 2009다17417)과 인간의 존엄 및 생명권」, 『고시계』, 54(7), pp.92-102.

이지연, 2017, 「조출생률 7.9, 합계출산율 1.17명의 의미」, 『나라경제』, pp.78-79.

이태수, 2015, 「노후 소득보장을 위한 연금개혁의 과제」, 『내일을 여는 역사』, 61, pp.98-114.

이태숙, 1999, 「D. 디포우의 현대 사회사가들: 18세기 영국에서의 영아살해죄를 중심으로」, 『영국 연구』, 3, pp.49-71.

이혜수, 2010, 「근대적 (반)주체로서 걸리버: 『걸리버 여행기』의 식민주의적 맥락을 중심으로」, 『영 미문학연구』, 18, pp.35-62.

이효성·홍원식, 2014, 「드라마 속 여성 등장인물의 인구사회학적 변인에 대한 고찰: 2000년대 초반 과 2010년대 비교」, 『커뮤니케이션학 연구』, 22(3), pp.75-96.

이홍탁, 1985, 「맬더스(Malthus)와 그의 인구론: 역사적 재조명」, 『한국인구학』, 8(2), pp.30-45.

이희성, 2014, 「국민연금수급연령과 정년의 연계를 위한 고령자고용촉진법정책의 검토」, 『노동법논 총』, 31, pp.459-492.

임광순, 2015, 「국내 조선족 범죄의 실제와 방향성」, 『역사비평』, pp.358-384.

임종수, 2012, 「1970년대 텔레비전 드라마 인물과 미디어 비평」, 『언론과 사회』, pp.132-178.

임춘식·이인수, 2014, 「미국과 캐나다 노인밀집도시의 주요 노인복지사업에 관한 연구」, 『사회과학 연구』, 23, pp.5-33.

장성현, 2013, 「존 클레어의 '푸른 언어'와 그 한계: 클레어의 인클로저 저항시 읽기」, 『문학과 환경』, 12(2), pp.195-217.

저출산고령사회위원회, 2015, 제3차 저출산·고령사회 기본계획(안), 공청회 자료.

전경수, 1990, 「수렵채집 집단의 인구성장과 출산력 통제: 아프리카의 꽁산족을 중심으로」, 『한국문 화인류학』, 22, pp.245-279.

전봉경, 2015, 「미국: 초고령화 사회 진입에 따른 노인 주택문제 대두」, 『국토』, 410, pp.97-98.

전중환, 2010, 진화심리학: 인간 마음의 진화적 토대, 한국심리학회지 학술대회 자료집, pp.189-201.

전중환, 2012, 「현대 사회의 저출산에 대한 진화적 분석」, 『한국심리학회지: 문화 및 사회문제』, 18(1), pp.97-110.

전해정·박헌수, 2013, 「주택 매매가격의 추세와 순환 분해」, 『서울도시연구』, 14(4), pp.77-86.

정락길, 2012, 「마틴 스콜세지의 「순수의 시대」에 나타난 상호텍스트성 연구」, 『외국문학연구』, 46, pp.131-154.

정성호, 2005, 「개발도상국에서의 출산력 변천 추이」, 『한국인구학』, 28(2), pp.183-203.

정성호, 2008, 「아프리카의 인구변천 유형과 특성」, 『한국인구학』, 31(1), pp.131-150.

정성호, 2009, 「인구변화와 인구정책」, 『사회과학연구』, 15(1), pp.29-45.

정수남, 2014, 「'잉여인간', 사회적 삶의 후기자본주의적 논리」, 『한국사회학』, 48(5), pp.285-320.

정수남, 2015, 「1960년대 '부랑인' 통치방식과 '사회적 신체' 만들기」, 『민주주의와 인권』, 15(3), pp.149-185.

정수열, 2013, 「국내 저출산의 원인에 대한 논의와 쟁점: 지리학적 접근을 위한 소고」, 『국토지리학회지』, 47(2), pp.129-141.

정순돌·은희숙, 「WHO 고령친화도시 실현가능성 분석: 서울특별시 조례 분석을 중심으로」, 『노인복지연구』, 65, pp.109-130.

정신희, 2015, 「이디스 워튼의 『여름』에 그려진 갈등의 탐구: 로열의 양가적 사랑」, 『현대영어영문학』, 59(1), pp.389-408.

정영숙·이화진, 2014, 「중년기의 성숙한 노화와 죽음 태도 및 죽음 대처 유능감의 관계」, 『한국심리학회지: 발달』, 27(2), pp.131-154.

정영희·장은미, 2015, 「흔들리는 젠더, 변화 중인 세상」, 『미디어, 젠더&문화』, 30(3), pp.153-184.

정익순, 2008, 「문학과 철학적 담론으로서의 '가능 세계': 『유토피아』와 『걸리버 여행기』를 중심으로」, 『영어영문학 연구』, 50(3), pp.343-360.

정인영·권혁창·정창률, 2015, 「강요된 연금개혁: 그리스의 사례」, 『보건사회연구』, 35(2), pp.32-63.

정인화, 2004, 「『길가메시』와 『걸리버 여행기』를 통해서 본 인간의 삶과 죽음」, 『인문학연구』, 8, pp.277-294.

정지은, 2014, 「TV 드라마의 젠더 관계 재현 방식」, 『미디어, 젠더&문화』, 29(4), pp.85-125.

정태호, 2000, 「현행 인구주택총조사의 위헌성」, 『법학논총』, 20, pp.199-245.

정해린·안은미·최혜림·정익중, 2012, 「TV 드라마에 나타난 입양의 이미지」, 『한국아동복지학』, 39, pp.69-92.

제라르 프랑수아 뒤몽, 2011, "인구통계, 말하는 것 말하지 않는 것", 『르몽드 디플로마티크』, 6월호, p.11.

조르주 미누아, 2011, "지구는 북적대지 않는다", 『르몽드 디플로마티크』, 6월호, pp.12-13.

조명덕, 2010, 「저출산·고령사회의 원인 및 경제적 효과 분석」, 『사회보장연구』, 26(1), pp.1-31.

조성욱, 2004, 「지리학습의 필요성과 정당성 선택」, 『한국지리환경교육학회』, 12(1), pp.31-44.

조관기·김우창, 2008, 「공간의 유기성이 존중되는 발전이라야 한다」, 『국토』, pp.57-61.

조흡, 2014, 「〈설국열차〉: 혁명과 개혁을 넘어」, 『대한토목학회지』, 62(5), pp.122-125.

주소연·박기완·양혜경·옥경영, 2015, 「고령화 한국사회의 사회통합을 위한 소비자의 공감 역할에 대한 다학제적 기초 연구」, 『소비자학 연구』, 26(1), pp.123-147.

차승은, 2008, 「부모역할의 보상/비용과 둘째 자녀 출산계획: 사회경제적 특성에 따른 차이를 중심으로」, 『사회복지정책』, 33, pp.111-134.

차영길, 2010, 「고대 로마의 임신과 피임에 대한 이론과 실제」, 『역사와 경계』, 76, pp.233-258.

천현숙·오민준, 2014, 출산과 도시주거환경의 연관성과 시사점, 국토정책 Brief, 489호, 국토연구원.

최기숙, 2013, 「노화의 공포와 공생 지향의 상상력」, 『여성문학연구』, 29, pp.195-230.

최병갑, 2001, 바다 이미지: 『걸리버 여행기』와 『로빈슨 크루소』, 신영어영문학회 학술발표회자료집, pp.81-86.

최병두, 1996, 「한국의 사회·인구지리학의 발달과정과 전망」, 『대한지리학회지』, 31(2), pp.268-294.

최성은, 2006, 「미국의 고령화 문제와 연금제도 현황」, 『국제사회보장동향』, pp.76-85.

최용성, 2015, 「설국열차의 과학기술·계급지배 시스템과 윤리적 해방의 비전」, 『한국민족문화』, 54, pp.271-309.

최은영·구동회, 2012, 「부산의 인구 변동 요인과 인구 구조 변화」, 『국토지리학회지』, 46(3), pp.333-345.

최재헌, 2013, 「한국 인구고령화의 지역적 특성 분석」, 『한국경제지리학회지』, 16(2), pp.233-246.

최재헌·윤현위, 2012, 「한국 인구고령화의 지역적 전개 양상」, 『대한지리학회지』, 47(3), pp.359-374.

최재헌·윤현위, 2013, 「수도권 고령인구의 공간 분포와 주거 특성」, 『대한지리학회지』, 48(3), pp.402-416.

최진호, 2011, 「인구 감소시대의 도시서비스 변화」, 『국토 연구』, 353, pp.30-39.

최혜지·전혜상·정순돌, 「OECD 국가비교를 통해 본 노인 연령통합의 좌표와 유용성」, 『사회복지정책』, 42(2), pp.343-364.

탁선미, 2008, 「독일근대문학에 나타난 영아살해 판타지: 그 사회적 맥락과 젠더정치학적 함의를 중심으로」, 『독일어문학』, 40, pp.133-156.

통계청, 2004, 2004 고령자 통계.

통계청, 2005, 2005 고령자 통계.

통계청, 2006, 장래인구추계 결과.

통계청, 2007, 2006년 출생통계 결과.

통계청, 2011, 2010 인구주택총조사 전수집계 결과(가구·주택부문).

통계청, 2013, 2012년 출생통계(확정).

통계청, 2014, 2014 고령자 통계.

통계청, 2014, 장래인구추계 시도편 : 2013~2040.

통계청, 2014, 2014년 혼인·이혼 통계.

통계청, 2015, 2014년 출생 통계(확정).

통계청, 2015, 2015 고령자 통계.

통계청, 2015, 7월 11일「인구의 날」에 즈음한 세계와 한국의 인구현황 및 전망.

통계청, 2015, 2015 통계로 보는 여성의 삶.

통계청, 2015, 2015년 인구주택총조사 조사 항목 및 조사표.

통계청, 2016, 2015 인구주택총조사 - 전수부문 : 등록센서스 방식 집계결과.

통계청, 2016, 2015년 출생 통계(확정).

통계청·한국인구학회, 2012, 2010년 인구주택총조사 표본결과 심층분석, 통계청.

필리프 데캉, 2011, "체제 붕괴의 트라우마, 러시아가 비어간다",『르몽드 디플로마티크』, 6월호, pp.16-17.

한국보건산업진흥원, 2014, '2014 의료자원 통계 핸드북'.

한국여성정책연구원, 2016, '일·가정 양립 실태조사(2016년)', 고용노동부.

한문정·장규현·홍석희·임종인, 2014,「국가 개인식별번호체계 개선에 관한 연구」,『정보보호학회 논문지』, 24(4), pp.721-737.

한미정·신경아, 2012,「TV드라마에 나타난 한국 베이비붐세대의 표상」,『방송과 커뮤니케이션』, 13(3), pp.5-44.

한인구·최봉문,「인구저성장시대의 도시유형에 따른 도시계획 수립 방안 연구」,『한국지역개발학회지』, 26(4), pp.59-70.

한창수·장보형·이자연·안지혜·임재형·양재원, 2012,『노인 자살에 미치는 지역적 위험요인 연구』, 한국보건의료연구원 연구보고서, pp.1-83.

허선영·문태헌, 2012,「안전도시 조성을 위한 범죄의 공간적 분포와 도시의 장소별 발생특성 분석」,『한국지리정보학회지』, 15(4), pp.78-89.

홍성태, 2012,「유신 독재와 주민등록제도」,『역사비평』, pp.91-112.

황세원, 2013,「엄마를 키우는 영화 한 편: 설국열차」,『새가정』, pp.48-51.

황정미, 2005,「'저출산'과 한국 모성의 젠더정치」,『한국여성학』, 21(3), pp.99-132.

황진자·이조은, 2012, 보험상품 신문광고의 문제점 및 개선방안 조사보고서, 한국소비자원.

Paul Hewitt, 2009,「미국 및 한국의 고령화: 세계 고령화 위원회 권고안 재점검」,『보건복지포럼』, 151, pp.92-103.

외국 논문 및 보고서

Becca R. Levy, Martin D. Slade, Suzanne R. Kunkel, Stanislav V. Kasl, 2002, Longevity Increased by Positive Self-Perceptions of Aging, *Journal of Personality and Social Psychology*, 83(2), pp.261-270.

David E. Bloom, 2011, 7 Billion and Counting, *Science*, 333, pp.562-569.

Hank Dittmar, Stephen Witherford, June Barnes, David Levitt, 2016, Ageing London: How do we create a world-class city to grow old in?, Mayor's Design Advisory Group.

Hippolyte d'Albis, Fabrice Collard, 2013, Age groups and the measure of population aging, Demographic Research, 29(23), pp.617-640.

International Food Policy Research Institute, 2015, 2015 Global Nutrition Report.

Jan M. Hoem, 2005, Why does Sweden have such high fertility?, *Demographic Research*, 13(22), pp.559-572.

Jim Oeppen, James W. Vaupel, 2002, Broken Limits to Life Expectancy, *Science*, 296, pp.1029-1030.

Katerina Velanova, Cindy Lustig, Larry L. Jacoby, Randy L. Buckner, 2007, Evidence for Frontally Mediated Controlled Processing Differences in Older Adults, *Cerebral CORTEX*, 17(5) pp.1033-1046.

Mark Mather, Linda A. Jacobsen, Kelvin M. Pollard, 2015, Aging In The United States, *Population Bulletin*, 70(2), pp.1-18.

OECD, 2016, OECD Factbook 2015-2016.

OECD, 2016, Pensions at a Glance 2015.

Ronald Lee, Andrew Mason, 2014, Is low fertility really a problem? Population aging, dependency, and consumption, *Science*, 346(6206), pp.229-234.

Sarah Harper, 2014, Economic and social implications of aging societies, *Science*, 346(6209).

Sunand Prasad, Bob Allies, Fiona Scott, Richard Powell, 2016, Growing London: Defining the future form of the city, Mayor's Design Advisory Group.

Thomas Malthus, 1798, *An Essay on the Principle of Population*, London: J. Johnson, in St. Paul's Church-Yard.

U.S. CENSUS BUREAU, 2011, 2010 Census Briefs: Age and Sex Composition.

UN, 2013, World Population Ageing 2013.

UNFPA, 2012, Sex Imbalances at Birth: Current trends, consequences and policy implications.

Wei Xing Zhu, Li Lu, Therese Hesketh, 2009, China's Excess Males, Sex Selective Abortion, and One Child Policy: Analysis of Data from 2005 National Inter census Survey, *BMJ*, 338(7700), pp.920-923.

WHO, 2007, Global Age-friendly Cities: A Guide.

WHO, 2014, Preventing suicide: a global imperative.

WHO, 2015, Measuring the age-friendliness of cities: a guide to using core indicators.

WHO, 2015, World report on ageing and health.

웹사이트

조선왕조실록, http://sillok.history.go.kr/search/inspectionMonthList.do(세종 69권, 17년 8월 14일 계축 2번째 기사, "어린애를 버린 사람을 잡아 엄히 처벌할 것을 형조에 전지하다")